VRAI GUIDE

L'EXPOSITION

Prix : 50 Centimes

LE

VRAI GUIDE

DE

L'ANJOU

ET DE

L'EXPOSITION

LE

VRAI GUIDE

ILLUSTRÉ

DE

L'ANJOU

ET DE

L'EXPOSITION NATIONALE

D'ANGERS

INDISPENSABLE AUX TOURISTES

LE PLUS COMPLET
LE PLUS SUR
LE PLUS ATTRAYANT
DE TOUS LES GUIDES DE L'EXPOSITION

ANGERS 1895

PRIX : 50 Centimes

PUBLIÉ PAR L'ADMINISTRATION DE L'ÉCHO DE L'ANJOU

BUREAUX : Rue Larévellière, 95, **ANGERS**

L. HUDON, IMPRIMEUR-ÉDITEUR, PLACE SAINT-MARTIN

Aux Visiteurs de l'Anjou

ET DE

L'EXPOSITION

Des écrivains éminents ont publié sur l'ANJOU des volumes pleins d'intérêt, d'une valeur considérable, mais par cela même destinés à être lus au sein du foyer, les pieds sur les chenets et auprès d'un bon feu.

MM. Célestin Port, Jean Bodin et Aimé de Soland nous ont offert, l'un et l'autre, un travail colossal et absolument instructif, dans lesquels, d'ailleurs, nous avons puisé une partie de nos renseignements, mais, personne encore n'avait pensé à donner aux visiteurs de notre pays, le moyen de se procurer un *guide de poche* qui, par son élégance de format, pouvait suppléer à ces grandes et savantes publications.

Ce livre, que nous vous présentons aujourd'hui, n'est ni un dictionnaire, ni une géographie locale, ni un annuaire, mais il sera un compagnon de route, indispensable à ceux qui aiment à tout voir, tout connaître, et qui, n'ayant point les loisirs ou la patience de compulser les grands ouvrages, ne pouvant disposer que de quelques jours de vacances, sont pressés par la curiosité et par le retour chez eux.

Nous nous sommes appliqués à le faire absolument intéressant, tant par la valeur des renseignements qu'il renferme, que par les nombreuses vues photo-typographiques semées ça et là de façon à lui donner un attrait particulier.

A côté de l'illustration, le visiteur trouve des notes historiques, puisées aux meilleures sources, tous les renseignements désirables, concernant : les Administrations, les hôtels, les restaurants, les principales maisons de commerce; les promenades à faire dans Angers, les excursions aux environs de notre ville et dans le département, soit en chemin de fer, en voiture ou en bateaux à vapeur.

En un mot, nous avons voulu justifier notre titre de VRAI GUIDE DE L'ANJOU ; heureux serons-nous, si le succès couronne nos efforts et récompense notre travail comme nous l'espérons.

Les nombreux cyclistes qui, chaque année, viennent visiter les bords de la Loire, montés sur leur cheval d'acier, trouveront dans notre guide, une carte du département de Maine-et-Loire et quatre autres cartes d'excursions, choisies parmi les plus pittoresques, accompagnée d'une liste de maisons recommandées dans les principales localités où ils sont susceptibles de s'arrêter.

Tel est, très succintement, l'intérêt offert par ce guide.

Aucune comparaison n'est possible entre le VRAI GUIDE DE L'ANJOU et ceux créés exclusivement en vue de l'Exposition ; c'est pourquoi nous sommes convaincus qu'après avoir vérifié ce que nous avançons, chaque acheteur se fera le propagateur de notre livre et recommandera à tous

Le Vrai Guide de l'Anjou et de l'Exposition

M. ENERYH.

ANGERS

SON ORIGINE — SES DIVERSES DÉNOMINATIONS ET SES CURIOSITÉS

L'opinion communément admise est que Angers fut bâti par César ou par ses successeurs à l'endroit désigné sous le nom de « la Cité », peut-être sur les ruines de l'antique capitale des *Andes*. La nouvelle ville s'appela d'abord *Juliomagus*; son enceinte, dont on a retrouvé des traces rue Baudrière, près de l'évêché, place Sainte-Croix, etc., était percée de quatre portes : *la porte de Fer*, *la porte Angevine*, *la porte de la Vieille-Charte* et *la porte Toussaint*.

Comme toute cité romaine, d'agréable séjour, *Juliomagus* eut bientôt son *amphithéâtre*, dans le faubourg Bressigny, son *capitole* à la place de l'évêché et ses *thermes* à l'Esvière (aquaria).

Vers le milieu du cinquième siècle, les Andes secouèrent le joug des vainqueurs et changèrent le nom de *Juliomagus* en celui d'*Andegovia* qui rappelait leur origine gauloise.

La domination des Francs y fut favorablement accueillie et leur prospérité ne fit que s'accroître sous l'administration des évêques.

Ces riches prélats favorisèrent les lettres et les sciences et au treizième siècle Angers possédait une Université célèbre par le mérite de ses professeurs.

Peu de villes en France ont été aussi éprouvées qu'Angers, et du ve au xixe siècle elle eut à subir plus de cent fois les horreurs de la guerre, de la famine et de la peste.

Comme nous nous proposons de reproduire ici les ruines des monuments encore existants de ces temps reculés, nous nous abstiendrons de donner certains détails sur l'origine et les fondateurs de chacun, réservant nos notes particulières pour accompagner nos reproductions.

Au viiie siècle, Charles Martel donna Angers au comte Raimfroy. Celui-ci fit élever sur les ruines du *Capitole* un palais qui fut pendant longtemps la demeure des comtes d'Angers et plus tard le palais épiscopal.

Parmi les successeurs de Raimfroy on cite le célèbre paladin Roland, neveu de Charlemagne, qui fut tué à Roncevaux.

Au commencement du ixe siècle, Louis le Débonnaire, marchant contre les Bretons révoltés, passe par Angers et joint à ses troupes l'armée que Thierry, frère et successeur de Roland, avait réunie en cette ville. L'impératrice Hermangarde, qui avait accompagné son mari, fait construire l'église Saint-Martin dont on voit encore, dans la rue de ce nom, les restes forts curieux (818) mais trop abandonnés (aujourd'hui servant d'entrepôt des tabacs).

Ici s'ouvre l'ère terrible des invasions normandes. Vers 840, les Normands, conduits par Hasting, pénétrèrent, par surprise, dans Angers, massacrent, pillent et incendient; ils font brûler

vif le comte Thierry, âgé de quatre-vingts ans. De son côté, Nominoë, roi des Bretons, le vaincu de Louis le Débonnaire, reprend sa revanche et s'empare d'Angers dont il reste maître pendant plusieurs années. Son fils, Éripsoë, contraignit Charles le Chauve à lui laisser la capitale de l'Anjou. Après la mort d'Éripsoë, les Normands détruisent de nouveau notre ville qui renaissait de ses cendres. Mais cette fois, Robert, comte du Haut-Anjou, arrive et leur inflige un sanglant échec.

Pour la quatrième fois, en 871, Hasting reparaît avec les Saxons, il arrive sous les murs d'Angers. A cette nouvelle, les habitants fuient et Hasting entre, sans coup férir, avec des soldats, des femmes et des enfants. La ville devient saxonne et Hasting s'y fortifie. Cependant Charles le Chauve et Salomon, roi des Bretons, viennent assiéger le fameux pirate. Réduit par la famine, Hasting capitule et Charles a la faiblesse de le laisser partir!

Débarrassée enfin des brigands du Nord, notre ville reprend vie. On répare les ruines sur la rive gauche de la Maine, et le quartier de la Doutre se développe. Les faubourgs Saint-Jacques et Saint-Laurent déjà existants s'aggrandissent. Foulques II fait construire l'abbaye du Ronceray près duquel s'élevera bientôt l'église de la Trinité. Mais les Bretons ne peuvent laisser les angevins en paix. Sous Foulques-Nerra, Conan, leur roi, tente d'enlever Angers par surprise. Le comte déjoue ce projet : placé en embuscade avec ses gens, il attend les ennemis qui débouchent par la porte Chapellière. Aux cris de : « Ecache, Bretons » Foulques se précipita sur eux et en fait un grand massacre.

Cette porte Chapellière faisait partie de la seconde enceinte de la ville, dont le mur très épais partait de la Basse-Chaîne, se dirigeait jusqu'à la rue de la Roë, remontait la rue Saint-Laud jusqu'à la rue Saint-Georges, où s'ouvrait la porte Girard, suivait la rue Saint-Georges, tournait vers la Chaussée-Saint-Pierre pour prendre la rue Saint-Julien, couper la rue Saint-Aubin devant la rue Courte, et, par cette dernière, atteindre la porte Toussaint.

Vers le milieu du XIe siècle, Vulgrin, abbé de Saint-Serge, habile architecte, fait reconstruire le chœur de cette église, fondée avec le monastère par Clovis II. A l'entour se groupent de nombreuses maisons qui forment bientôt le faubourg Saint-Samson. A la même époque on bâtit l'abbaye Toussaint, avec l'église dont les belles ruines sont si négligées depuis longtemps et dont nous reparlerons.

Depuis l'attaque infructueuse des Bretons, Angers semble goûter une tranquillité relative. Les comtes, après avoir écarté l'ennemi, vont à leur tour guerroyer au loin ; puis les croisades entraînent vers la Palestine tout ce qui est avide de coups d'épée. Mais à défaut de guerre, la famine se fait sentir. En 1146 ce fléau causa de grands ravages et s'étendit au loin.

En 1153 le comte Henri II, qui devint roi d'Angleterre, fait construire l'Hôtel-Dieu à l'endroit où il existe actuellement, selon les uns; selon les autres, ce serait l'hôpital Saint-Jean, aujourd'hui musée d'antiquités. Ce prince dota son pays natal de beaucoup d'établissements et d'œuvres charitables. A sa mort, les angevins reconnaissent pour comte, Arthur, son petit-fils, auquel Jean-Sans-Terre avait usurpé le trône de la Grande-

Bretagne. A cette nouvelle, Jean passe en France avec une armée, assassine le jeune Arthur, puis marche sur Angers, prend la ville, en rase les fortifications (1203) et les rétablit dans la suite. Ce prince, haï de toute l'Europe, meurt en 1216, et Angers avec la province est réuni à la couronne de France.

Andegovia qui, au XIIe siècle, devint *Angiers*, d'où on a fait Angers, possédait des privilèges assez étendus, lorsque Louis XI lui donna une municipalité et accorda la noblesse aux officiers municipaux, ainsi qu'à leurs enfants nés ou à naître.

Ces magistrats étaient électifs.

La Noblesse dont Louis XI cherchait à diminuer l'importance obtint de Charles VIII la réduction du nombre des officiers municipaux.

Le roi René fut le dernier comte d'Anjou, et après sa mort le comté, définitivement réuni à la couronne de France, ne fut plus qu'un apanage princier.

Au XVIe siècle, l'Anjou devint un des champs de bataille de la réforme et c'est à Angers, en 1598, que le duc de Mercœur, le dernier chef de la ligue, se soumit à Henri IV.

Depuis cette époque, Angers ne fut troublée que par les intrigues de Marie de Médicis et par l'insurrection vendéenne.

Aujourd'hui, Angers est classée parmi les villes les plus agréables et les plus pacifiques de France, et en fait de luttes, il n'y a guère que les luttes politiques, les luttes électorales qui n'ont absolument rien de commun avec les héroïques faits d'armes de nos aïeux; notre ville offre à ses visiteurs un riant séjour, et une hospitalité charmante.

Souhaitons que ces avantages réunis aux nombreuses curiosités que Angers possède, amènent à notre exposition d'innombrables visiteurs et que le mouvement d'affaires produit par cette grande fête du travail relève notre commerce et notre industrie, en un mot, qu'il donne aux humbles, aux petits, la prospérité et surtout plus de bien-être.

H. DE BLANCHET.

VUE PRINCIPALE D'ANGERS (HAUTE-CHAINE) (D'après photographie de H. TUILLIER)

HOTEL DE VILLE

Notice. — L'Hôtel de Ville, qui servit jadis de collège, fut construit en 1691 par les Pères de l'Oratoire. Dans la salle des Fêtes, on remarque une cheminée monumentale avec armes des Lannier de Laffretière. La salle du Conseil, récemment restaurée, possède également une jolie cheminée en bois sculpté, sur laquelle a été fixée une plaque en marbre blanc, contenant les noms de tous les Angevins morts pour la Patrie en 1870-71. Dans le vestibule du rez-de-chaussée, existe également une plaque en marbre blanc où sont gravés les noms des Bienfaiteurs de la Commune.

Maire : M. J. Guignard, député.
Adjoints : MM. Joxé, I. Boulanger, de Villiers et Manceau-Léonard.
De 10 h. à midi et de 2 h. à 5 h. du soir, on trouve généralement à l'Hôtel de Ville un ou plusieurs adjoints.

Services Municipaux

Les bureaux de la Mairie sont ouverts de 9 h. à 5 h., excepté le Bureau militaire et le Bureau électoral qui sont fermés de 11 h. à 1 h. de l'après-midi.

A l'*État-Civil* on reçoit les déclarations de 9 h. à 4 h., mais la délivrance des extraits ne se fait que de 10 h. du matin à 4 h. du soir.

La *Caisse Municipale* est ouverte sans interruption de 10 h. du matin à 4 h. du soir.

Les réclamations en matières d'impôt sont reçues au bureau du *Bien Public*, où sont installés les contrôleurs des Contributions directes.

Les *Archives Municipales* sont, pour les Historiographes et les Bibliophiles, une source intarissable de documents et d'un intérêt captivant. Malheureusement, la Municipalité ne semble pas en comprendre l'importance et elle paraît n'y porter aucun intérêt. Si un incendie se déclarait à l'Hôtel de Ville, dans l'aile droite, c'en serait vite fait de ces magnifiques parchemins, de ces autographes

d'une valeur incalculable, signés de : François Ier, Henri II, Louis XIII et Louis XIV et qui sont relégués dans les mansardes.

Les évènements de la Saint-Barthélemy, à eux seuls, forment trois volumes du plus haut intérêt et qui n'existent nulle part ailleurs.

M. Célestin Port a catalogué et classé tous les documents en 1862, jusqu'à l'année 1790, mais depuis il n'y a eu aucun catalogue, et si le triage se fait, le classement reste lettre morte ou à peu près.

Pour visiter les archives et les consulter, il suffit d'adresser une demande au Maire.

On trouve encore à la Mairie :

Le *Service d'Architecture* sous l'habile direction de M. Aïvas. MM. Rohard et Bain, conducteurs.

Le *Secrétariat des Prud'hommes* est ouvert tous les jours, de 11 h. à 1 h. Entrée aile gauche.

Le service des *Pompes Funèbres*, ouvert de 9 h. du matin à 4 h. du soir. Le dimanche et les jours fériés, il ferme à midi.

Le service des *Eaux de la Loire*, ouvert au public de 10 h. du matin à 4 h. du soir.

Le service de la *Voirie*, ouvert de 10 h. du matin à 4 h. du soir.

Sapeurs-Pompiers. — Commandant, M. GOUJON, rue de la Madeleine ; Capitaine, M. CHOUANET, rue Tarin.

Un poste de nuit est installé à l'Hôtel de Ville, dans les annexes situées à droite.

Enfin le *Bureau de Bienfaisance*, ouvert de 10 h. à 4 h.

Les dimanches et jours fériés, ces bureaux sont entièrement ermés.

Bibliothèques Communales

La Bibliothèque de la Ville possède plus de 55,000 volumes ; elle est installée dans une belle et immense salle à double étage, sise dans les annexes du logis Barrault, où se trouve le Musée. Le public y est admis tous les jours de la semaine, le lundi excepté, de 10 h. du matin à 4 h. du soir et le dimanche de midi à 4 heures.

Trois autres Bibliothèques, dites *populaires*, sont ouvertes au public les lundi, mercredi, vendredi, de 7 h. 1/2 à 9 h., et le dimanche de 10 h. à midi. Elles sont situées, l'une rue des Cordeliers, 11 : l'autre rue Condorcet et la troisième boulevard Descazeaux. Le prêt des *livres y est autorisé*.

Police

La ville d'Angers est divisée en quatre arrondissements de police ; chacun d'eux possède un Commissariat relié au Bureau central par le téléphone et dont le siège est impasse de la Mairie (côté de la rue David).

Personnel : M. MALLET, commissaire central ; M. TROUCHE, commissaire du Ier arrondissement ; M. LAGADEC, commissaire du IIe arrondissement ; M. PITRE, commissaire du IIIe arrondissement, et M. SEVÉ commissaire du IVe arrondissement.

COMMISSARIATS : Ier arrondissement, *place des Halles*. — IIe arrondissement, *place de la République*. — IIIe arrondissement, *rue Saint-Nicolas*. — IVe arrondissement, *rue Michelet*, près du pont Bressigny.

Un Asile de nuit, pour les voyageurs indigents, est installé dans des bâtiments annexes du Commissariat du Ier arrondissement.

Bourse du Travail

Un vaste immeuble servant, encore en 1885, de Palais de Justice, a été affecté, en 1892, à l'installation d'une Bourse du Travail. 67 syndicats y ont adhéré et en font leurs lieux de réunion.

La Commission administrative de cette institution, créée par la Municipalité sur les instances des Conseillers Municipaux socialistes, se compose d'un délégué par Chambre syndicale.

Le Secrétaire, qui a un service permanent, émarge au Budget communal ainsi que le Trésorier et le Garçon de bureau. Les autres fonctions sont honorifiques.

Des secours sont donnés aux ouvriers nécessiteux, de passage à Angers.

Caisse d'Épargne

Les services sont installés dans un beau et vaste immeuble, sis rue Grandet. La Caisse est ouverte le samedi et le dimanche, depuis 11 h. du matin jusqu'à 2 h. du soir, et les jours de foire, de midi à 2 heures.

Les Guichets de la *Caisse d'Épargne postale*, sis à l'Hôtel central des Postes et Télégraphes, sont ouverts tous les jours de 8 h. du matin à 9 h. du soir.

SOCIÉTÉS

Savantes - Philosophiques - Sportives - Patriotiques et d'Assurance mutuelle d'Angers

Académie des Sciences et Belles Lettres. — Siège à l'ancienne Cour d'Appel, place des Halles. — Président : M. Parrot.

Société des *Études Scientifiques.* — Même siège. — Président : M. Préaubert.

Société des Amis des Arts. — Président : M. G. Bodinier. — Siège, place Lorraine

Loge Maçonnique. — Rue Parcheminerie, 12. Tenues les 2e et 4e lundis de chaque mois. Réunions amicales tous les jeudis et samedis soirs de 5 à 7 heures.

Union générale des Sociétés de Secours Mutuels. — Président : M. Guinoiseau fils.

Orphelinat des Sociétés de Secours Mutuels. — Président : M. Chouanet, capitaine des pompiers, architecte, rue Tarin, 31.

Dispensaire des Sociétés de Secours Mutuels. — Président : M. Boussin.

Syndicat des Sociétés de Secours Mutuels. — Président : M. Fournier.

Sociétés (*Suite*)

Société des anciens militaires. — Président : M. Cardi, administrateur du *Petit Courrier*.

Société des anciens combattants de 1870. — Président : M. Bodineau, comptable.

Société des anciens militaires employés civils de l'Etat. — Président : M. Lemesle, facteur-chef.

La Cigale Angevine. — Président d'Honneur : M. Mondain ; Président : M. Bernette. — Siège, café du Mail.

Société des amateurs Photographiques. — Président : M. Préaubert.

Véloce Club Angevin. — Fondé en 1875. Président : M. Gallard. — Siège, café du Sport, place Lorraine.

Pédale Club Angevin. — Président : M. Lihoreau. — Siège, Grand Hôtel.

Gymnastique et Instruction Militaire. — Président : M. Bichon ; Professeur : Mignot. — Siège, boulevard Daviers.

Angers-Nautique. — Président : M. Krick. — Siège social, à l'Entracte, place du Ralliement ; Garage, levée de Reculée.

Messager Angevin.— Société Colombophile ; président : M. Bally. — Siège, café du Sport.

Choral Sainte-Cécile. — Rue de la Roë. — Président : M. Paul Rondeau.

Harmonie Municipale. — Chef : M. Boyer.

Angers Fanfare. — Président : M. Gautier ; Chef : M. Closon.

Union Musicale. — Président : M. Bouvet ; Chef : M. Delucé.

Fanfare du IVe Arrondissement. — Chef : M. Gauthier.

Fanfare de la Doutre. — Président : M. Bichon ; Chef : M. Carbonnier.

Ecole de Musique. — Rue de la Roë. — Président : M. Cointreau.

Services des Cultes

CULTE CATHOLIQUE

Mgr Mathieu, évêque.
Vicaires généraux : MM. Baudrier et Grelier.
Secrétaire général : M. l'abbé Thibault.
Cathédrale. — *Messes* d'heure en heure à partir de 5 h. du matin.
Dimanches et Fêtes. — *Messe* du chapitre à 10 heures. — *Vêpres* à 3 heures.
ÉGLISES PAROISSIALES. — *Messes* de 6 h. à 8 h. le matin.
Dimanches et Fêtes. — *Messe* chantée à 10 heures. — *Vêpres* à 2 heures.

CULTE RÉFORMÉ

Pasteur : M. Audra, président du Consistoire, rue Michelet, 59.
Temple : Rue Courte (en face le Musée).
Offices : le matin, à 10 h. ; le soir, à 5 h., chaque dimanche.
TEMPLE. — Rue Toussaint.

M. LIGIER

PRÉFET DE MAINE-&-LOIRE

Le Préfet de Maine-et-Loire, M. LIGIER, Jules-Marie-Hermann, est né à Poligny (Jura), le 1er février 1849 ; c'est un fin lettré, un homme aimable et conciliant.

M. Ligier, qui est officier de la Légion d'Honneur et de l'Instruction publique, est le trente-deuxième préfet de Maine-et-Loire. Il est à la tête du département depuis 1890.

Le Secrétaire Général est M. LE BON, et le Chef de cabinet M. Arthur LIGIER.

GALERIE DE L'ANCIENNE ABBAYE SAINT-AUBIN

Préfecture de Maine-et-Loire

Notice. — La Préfecture, qui occupe les bâtiments de l'ancienne abbaye Saint-Aubin, est l'un des plus curieux monuments d'Angers. Dans la galerie que précède la Conciergerie, se trouve une série d'*Arcades romanes*, dont nous donnons ci-dessus une reproduction d'après photogaphie. Ces Arcades sont décorées de colonnettes, de festons, de sculptures et même de peintures, assez bien conservées et très intéressantes. La salle du Conseil Général et une porte donnant accès dans la salle à l'angle extrême du rez-de-chaussée, offrent également un grand intérêt ainsi que le Salon de réception.

La Grille de la façade principale est l'ancienne grille du chœur de l'Abbaye de Fontevrault.

En face la grille, on remarque encore des colonnes de l'ancienne église de Saint-Michel-la-Palud.

Derrière, sur le boulevard des Lices, est un joli parc où des arbres séculaires offrent un ombrage bienfaisant. Ce Parc-Jardin est ouvert au public tous les jours, de midi à 5 h. du soir, en été.

SERVICES ADMINISTRATIFS

ET DÉPARTEMENTAUX

Les bureaux de la Préfecture sont ouverts de 9 h. du matin à 11 h. et de 1 h. 1/2 à 5 h. du soir.

M. le Préfet est visible tous les jours, excepté le lundi et les jours fériés, de 10 h. 1/4 à 11 h. 1/2. Il reçoit également les vendredi et samedi de 2 h. à 4 h. du soir.

M. le Secrétaire Général est, généralement, à son cabinet, tous les jours non fériés de 10 h. à 11 h. 1/2 le matin et de 3 h. à 5 h. le soir.

Tous les services administratifs sont concentrés dans l'aile gauche du monument, exceptés ceux de la Voirie, de l'Académie et des Enfants assistés qui sont installés dans les anciens bâtiments affectés autrefois aux *Postes et Télégraphes*, sur le petit mail de la Préfecture, auprès de la Tour Saint-Aubin.

Service des Chemins vicinaux. — M. Goblot ✻, agent-voyer en chef, rue Bressigny ; M. Vallée, agent-voyer en chef adjoint, avenue Jeanne d'Arc ; M. Falloux, agent-voyer de l'arrondissement d'Angers, rue de l'Aiguillerie.

Inspection Académique d'Angers. — M. Robert, inspecteur d'Académie ; M. Dureau, secrétaire. Les bureaux sont situés Mail de la Préfecture.

Service des Enfants assistés. — M. Métérié, inspecteur.

Professeur départemental d'Agriculture. — M. Morain, rue de Buffon, 12.

Archives Départementales

Les Archives départementales sont ouvertes tous les jours non fériés de 10 h. du matin à 4 h. du soir.

Elles sont situées au rez-de-chaussée, au-dessous des bureaux de la Préfecture, et elles occupent la Sacristie de la salle Capitulaire de l'ancienne Abbaye Saint-Aubin, où l'on peut admirer de magnifiques boiseries sculptées et un confessionnal très bien conservé.

Les Archives départementales de Maine-et-Loire sont absolument interressantes à consulter, surtout sur la période révolutionnaire.

Ponts et Chaussées — Mines

Routes, Ponts et Chemins de fer. — M. Pihier, ingénieur en chef du département, rue Volney, 18 ; M. Robert, ingénieur ordinaire, rue des Pépinières ; M. Caldaguès, ingénieur ordinaire. — M. Florent, sous-ingénieur, à Saumur.

Navigation de la Mayenne et de l'Oudon. — M. de Fourcroy, ingénieur en chef, à Laval.

Navigation de la Sarthe et du Loir. — M. Harel de la Noe, ingénieur en chef, au Mans. — M. Piveron, conducteur.

Navigation de la Loire. — M. Guillon, ingénieur en chef, à Orléans ; M. Robert, ingénieur ordinaire, rue des Pépinières, à Angers ; M. Florent, sous-ingénieur, à Saumur.

Mines. — M. de Grossouvre, ingénieur en chef, à Bourges ; M. Liénard, ingénieur ordinaire des mines.

Conseil de Préfecture

M. Boulanger, vice-président. — MM. Le Gordien, Beaussire, Dumoulin, conseillers de Préfecture.

Les séances ont lieu ordinairement le jeudi, à 2 heures de l'après-midi.

COUR & TRIBUNAUX

VUE DU PALAIS DE JUSTICE

Le Palais de Justice a été reconstruit de 1871 à 1884. Tous les services judiciaires y sont réunis.

L'inauguration solennelle a eu lieu le 19 Octobre 1885. Aucun discours n'a été prononcé et le silence de M. le Procureur Général fut vivement commenté.

Cour d'Appel

Angers est le siège d'une *Cour d'Appel*, dont le premier président est M. Forquet de Dorne, et le président de chambre M. Chudeau. Le procureur général est M. Demartial.

La Cour siège pour les affaires civiles, les lundi, mardi et mercredi, et pour les correctionnelles, les jeudi et vendredi. Le samedi est consacré aux affaires diverses.

Les avoués agréés près la Cour d'appel, sont MM. Abraham, rue Joubert, 20 *bis*; Lelong, rue Desjardins, 19; Griffaton, rue Béclard, 14; Charier, rue Joubert, 11; Jamin, rue Tarin, 30.

Greffier en chef, M. Béhier, rue Joubert, 13.

Tribunal Civil

Président : M. Jousseaume; vice-président : M. Collin.

Procureur de la République : M. Grémillon.

Les audiences pour les affaires civiles ont lieu les lundi, mardi et mercredi, et celles correctionnelles les vendredi et samedi.

Avoués agréés : MM. Pousset, rue Saint-Joseph, 12; Soudée, rue Desjardins, 2; Lenfantin, rue du Commerce, 6; Gioux, rue Joubert, 13.

Greffier en chef : M. Pottier.

Tribunal de Commerce

Président : M. MERCIER Adrien, rue Thiers, 19. — Juges : MM. CAHEN, rue Voltaire, 2 ; COINTREAU, boulevard de Saumur, 7 ; VIELLE, rue Boisnet. — Juges suppléants : MM. VOISINE, rue Volney ; HAMARD, rue Paul-Bert ; GOURDON, rue Ollivier ; FOUCHÉ, rue Thiers. — Greffier : M. HARDY.

Le Tribunal de Commerce siège tous les vendredis à 1 heure.

Chambre de Commerce

Président : M MAX-RICHARD. — Vice-Président : M. PRIEUR. — Secrétaire-Trésorier : M. GENEST. — Membres : MM. CORMERAY, BIGEARD, BONNET-ALLION, BLAVIER, BESSONNEAU, COUTARD.

Justice de Paix

La ville est divisée, pour cette jurisprudence, en trois cantons, savoir : Canton N.-E., juge : M. AUBERT ; greffier : M. MEUNIER. — Canton S.-E., juge : M. HERVÉ ; greffier : M. MASLIN. — Canton N.-O., juge : M. LACOMBE ; greffier : M. BAIN.

Les jours d'audience sont ainsi fixés :

Canton N.-E. — Le vendredi de chaque semaine, au Palais de Justice.

Canton S.-E. — Le samedi de chaque semaine, au Palais de Justice.

Canton N.-O. — Le mercredi, aux Pénitentes, boul. Descazeaux.

Le Greffe du Canton N.-O., sis Boulevard Descazeaux, 20, est ouvert les lundi et samedi, de chaque semaine de 9 heures à 11 heures du matin et de 1 h. à 3 h. du soir. Les autres jours, il est ouvert de 9 heures à 11 heures seulement.

Le Greffe du Canton N.-E. est ouvert, les lundi, mardi et mercredi de chaque semaine de 11 heures à midi.

Le Greffe du Canton S.-E., les mêmes jours, de midi à 2 heures.

Enregistrement des Domaines et du Timbre

M. Benoist, Directeur.

Les Services de la Direction sont établis Boulevard de Saumur, 55, et les Services divers s'y rattachant sont fixés ainsi qu'il suit :

Enregistrement des Actes civils. — M. Tacheau, receveur, rue Desjardins, 59.

Successions. — M. Revelière, receveur, rue Volney, 45.

Actes judiciaires et Dépôt central de Timbres. — M. Duval, au Palais-de-Justice, au 2e aile droite, entrée rue des Minimes.

Ces Bureaux sont ouverts de 9 h. du matin à 4 h. du soir.

Nous rappelons aux intéressés que les déclarations au Bureau de l'Enregistrement, pour les locations verbales, doivent être faites dans les *trois mois* qui suivent la prise de possession sous peine d'une amende de 66 fr.

Vente de Papier Timbré. — La vente de ce papier et des timbres mobiles se fait dans les Bureaux de tabacs suivants :

Rue David, chaussée Saint-Pierre, rue d'Alsace, rue Saint-Aubin, boulevard de Saumur, rue Pocquet-de-Livonnière, place Romain, place Ayrault, faubourg Bressigny, place Loricard, place de la Laiterie et faubourg Saint-Jacques.

Contributions Indirectes

M. Rebiot du Pont, Directeur.

Les services de la Direction sont établis rue Volney, 9.

Entrepôt des Tabacs, Place Saint-Martin.

Recettes particulières. — Est : Boulevard Carnot, 11. — Ouest ; Montée des Forges, 12, près de la place de la Laiterie.

Ouverts de 8 h. à 5 h. 1/2.

Contributions Directes

M. Froussard, Directeur.

Les Bureaux sont situés rue des Quinconces, 10. Ils sont ouverts de 9 h. du matin à 4 h. du soir, sans interruption.

Finances

M. Jaubert, Trésorier-payeur général.

Les Services de la Trésorerie sont installés rue Delaâge. Ils sont ouverts de 10 h. du matin à 3 h. du soir.

Les Perceptions pour les impôts sont situées ainsi qu'il suit :

Perception Est : M. *Chastenet de Géry*, percepteur, rue Michelet, (ancienne rue Chèvre).

Perception Ouest : M. *Rousselet*, percepteur, rue Saint-Eutrope, 2.

Elles sont ouvertes au public de 8 h. du matin à 3 heures du soir.

Postes et Télégraphes

M. Legent, directeur, à l'Hôtel des Postes, place du Ralliement.
La recette principale est également installée dans cet édifice.
Bureau d'Angers-Doutre, boulevard du Ronceray.
Bureau Saint-Laud, rue d'Anjou, 9; Sub-office rue Saumuroise, près de l'Eglise de la Madeleine.

Les bureaux sont ouverts de 7 h. du matin à 9 h. du soir, du 1er mars au 31 octobre, et de 8 h. du matin à 9 h. du soir du 1er novembre au 28 février.

Le bureau des Télégraphes est ouvert de 7 h. du matin à minuit, du 1er mars au 31 octobre, et de 8 h. du matin à minuit du 1er novembre au 28 février.

Nota. — Les dimanches et jours fériés les guichets postaux sont fermés à 4 h du soir. Les guichets télégraphiques tiennent les dépêches adressées « Télégramme restant » à la disposition des destinataires.

Téléphone. — Le bureau du téléphone est à la Recette principale, place du Ralliement. Le poste est à la disposition du public au bureau.

Heures des levées

Ligne de Paris, Nantes, Niort, tous pays, 9 h. 15 matin.
Ligne de Nantes et Roche-sur-Yon. Centre et Midi, Italie Corse, Algérie, Tunisie, 4 heures soir.
Ligne de Paris, Sablé, Chateaubriand et tous pays, 9 h. 25.
Ligne de Nantes, Niort. N.-E., S.-E., Etranger, 10 h. 30.

Heures des distributions

Les deux grandes distributions ont lieu : Celle du matin à 7 heures et celle du soir à 4 heures.
Deux autres sans importance sont, en outre, faites le matin à 10 h. et le soir à 6 heures.
Le dimanche il n'y a qu'une distribution, le matin à 7 heures.

Division Militaire

État-Major de la 18e division militaire. — Général de division commandant la 18e division : M. d'Esclevin, boulevard du Roi-René, 49. — Chef d'état-major : Canton, rue de Brissac, 36, chef de bataillon. — Officier d'ordonnance : Souchet, capitaine. — Bureaux du général de division, commandant les 5e, 6e, 7e et 8e subdivisions, rue de Brissac, 24.

État-Major de la 36e brigade. — Général de brigade commandant la 36e brigade : M. Mourlan, rue du Haras. — Bureaux du général de brigade, commandant les 7e et 8e subdivisions, rue de Brissac, 24, ouverts de 8 à 10 h. et de midi à 5 heures.

Administration. — Sous-Intendance : M. Vergne, sous-intendant, rue La Fontaine, 20. — Bureaux de la Sous-Intendance, à la Manutention, rue Toussaint, 37, ouverts de 8 à 10 h. et de midi à 5 heures.

Services Militaires. — Gendarmerie : M. Dutertre-Duport, chef d'escadron, commandant la gendarmerie de Maine-et-Loire, place Saint-Maurice. — M. Guénin, commandant l'arrondissement d'Angers. — Service de santé : M. Billet, médecin principal, médecin-chef de l'hôpital militaire d'Angers.

Division Militaire (*suite*)

Recrutement, Mobilisation, Armée territoriale. — M. Gauzy, commandant; M. Dhommée, capitaine. — Bureaux, rue de Brissac, 24, ouverts tous les jours, de 8 à 10 h. et de midi à 5 heures.

Chefs de corps. — 135e de ligne : M. le colonel d'Armagnac, commandant le régiment, rue Bernier, 34. — 25e dragons : M. le colonel de Monspey, commandant le régiment, rue Racine, 8.
6e génie, M. le colonel Dalstein.

Dépôt de Remonte d'Angers. — M. Tristan de l'Hermite, chef d'escadron, commandant le Dépôt. — Bureaux, rue de Brissac, 26.
Haras. — M. Coustet, directeur, au Dépôt, rue Paul-Bert, 2.

Guide du Visiteur

La ville d'Angers est desservie par quatre gares :

La gare du *Lycée* pour les *Chemins de fer de l'Anjou* ; celle de la *Maître-Ecole* pour la ligne de l'Etat (Angers-Poitiers) ; la gare *Saint-Serge* pour la Cie de l'*Ouest*, et la gare *Saint-Laud*, où s'opère le raccordement de toutes ces lignes avec celle de la Cie d'*Orléans*.

C'est donc à cette gare que nous prenons les visiteurs et que nous nous imposons le devoir de les accompagner partout où il y aura un attrait pour eux, une curiosité à leur faire connaître, une impression agréable à leur communiquer.

La gare Saint-Laud qui prend, chaque jour, de plus en plus d'extension, a été construite de 1847 à 1849, et pour l'unique ligne de Paris à Nantes.

Le raccordement des lignes de l'Ouest et de l'Etat, lui donna une importance telle, qu'il fallut bientôt procéder à son agrandissement.

La construction des bâtiments nécessaires pour la gare des Chemins de fer de l'Anjou (Noyant à Candé), viendra bientôt augmenter encore son importance.

A la sortie de la gare Saint-Laud, le visiteur traverse une vaste cour, que des massifs de verdure et de fleurs agrémentaient encore en 1894, mais qui viennent de disparaître pour faire place aux besoins de la Cie des Chemins de fer de l'Anjou ; il se trouve immédiatement, s'il tient sa droite, dans l'avenue *Denis-Papin*.

En continuant ainsi son chemin, il longe le petit Mail de la Gare où un ombrage bienfaisant lui est offert ; il traverse la courte rue du *Haras* et tombe en plein *boulevard de Saumur*, laissant à gauche ceux des *Lices* et du *Roi-René*, à l'extrémité desquels lui apparaît la statue du chef de la maison d'Anjou.

BOULEVARD DE SAUMUR

En suivant le boulevard de Saumur, il remarque à sa gauche le parc de la Préfecture, le Crédit Lyonnais, et un peu plus loin, le *Cercle Militaire* et le *Cercle Agricole*.

CERCLE MILITAIRE & AGRICOLE

NOTICE. — Ce monument, dont le fronton est couronné par un groupe de Maindron, les *Arts*, le *Commerce* et l'*Agriculture*, est divisé en deux parties. L'une, celle de gauche, est occupée par le Cercle Agricole et l'autre par le Cercle Militaire.

Les musiques de la garnison y jouent ordinairement plusieurs fois la semaine, vers cinq heures le soir.

Là, il prend la rue des Arènes, au fond de laquelle se dresse la superbe façade de l'église *Saint-Joseph*. S'il s'engage dans l'une des ruelles, entourant l'église, il arrive dans la rue Saint-Joseph, et, en tournant à gauche, il se trouve en face d'une superbe construction orientale, construite en 1887, sur la place du Lycée, et à quelques centaines de mètres seulement de la gare de ce nom. Notre grand établissement national d'enseignement secondaire est là également.

Revenant alors à la maison orientale, il prend la rue Tarin qui, d'un côté, le conduit dans la magnifique avenue Jeanne-d'Arc et de l'autre dans le coquet Jardin du Mail.

L'avenue Jeanne-d'Arc conduit à la rue Franklin qui, elle-même, communique avec la rue et la gare de la Maître-École. Lorsque le visiteur se rend à cette gare, par cette avenue, il remarque sur sa droite la salle des Quinconces où se font entendre des artistes de talent à diverses époques de l'année, de jolies villas, des hôtels, des établissements d'horticulteurs avec d'importantes serres. Sur sa gauche et dans presque toute la longueur, l'immense manufacture de M. Bessonneau est là avec ses colossales cheminées et occupant une armée d'ouvriers que l'on évalue à 1,500 au minimum.

A l'entrée de cette avenue et du côté de la manufacture se trouve le café du Mail, plus connu sous le nom de salle Sainte-Hélène, salle où ont lieu les grands bals annuels des sociétés : Les *Prévoyants de l'Avenir*, la *Cigale*, etc., etc., et les réunions préparatoires des fêtes de la jeunesse angevine.

Dans le Jardin du Mail, ouvert de six heures du matin à dix heures du soir, nous appelons l'attention des visiteurs sur deux petites fontaines surmontéees l'une et l'autre de deux jolis bronzes, très artistiques, dus à la générosité et au talent de M. G. de Chemellier. La fontaine monumentale avec son jet d'eau et son entourage produit également un agréable effet.

C'est dans ce jardin, où se rendent chaque jour de nombreuses familles, qu'ont lieu les concerts offerts par les sociétés musicales de la ville et par les musiques des régiments de la garnison.

En face de ce jardin s'élève l'Hôtel de Ville *(voir la gravure page 13)*, séparé par le boulevard de la Mairie.

Le visiteur se trouve ainsi au milieu des diverses constructions édifiées pour l'Exposition ; mais comme l'itinéraire que nous avons choisi l'emmène vers le Jardin des Plantes, au sortir des bâtiments principaux de l'Exposition, nous l'engageons donc à remonter le boulevard jusqu'à la place Lorraine où est installée l'*Exposition horticole*, que notre grand statuaire, David-d'Angers, sur son socle de granit, semble présider. L'Hôtel d'Anjou et le café du Sport, siège de plusieurs sociétés sportives, notamment du Véloce-Club angevin et du Messager Angevin, sont là également. Derrière cette Exposition apparaît la façade monumentale de la salle des *Amis des Arts* où a lieu chaque année le salon très renommé de la Société de ce nom.

VUE DE L'ENTRÉE PRINCIPALE DE L'EXPOSITION

Biographie de M. Dainville

COMMISSAIRE GÉNÉRAL DE L'EXPOSITION D'ANGERS

Après le Président, le Commissaire général : c'est-à-dire l'âme et la tête de la grande fête, de l'art et du travail, que prépare la ville d'Angers pour 1895.

Si la tâche de biographe est parfois difficile, il n'en est pas ainsi aujourd'hui, car j'ai eu la bonne fortune de mettre la main sur un mémoire émanant de l'aimable *Société des Architectes de l'Anjou*, dont M. Dainville est président d'honneur, et j'ai trouvé là un travail tout fait, d'une exactitude parfaite et absolument complet.

M. Dainville (Ernest-François), dont nous donnons une fidèle reproduction de la photographie prise par M. Thillier, naquit à Angers le 28 septembre 1824, il est architecte honoraire du département de Maine-et-Loire ; ancien élève de l'Ecole des Arts et Métiers d'Angers (promotion de 1838) : président actuel de la Commission régionale des Anciens élèves des Ecoles nationales d'Arts et Métiers, directeur de l'Ecole régionale des Beaux-Arts d'Angers, membre de la Commission municipale du Musée d'Archéologie d'Angers, ancien président de cette Commission, ancien architecte des Hospices d'Angers, administrateur de la Caisse d'épargne d'Angers, membre de la Société Centrale des Architectes Français, lauréat de cette Compagnie en 1889, officier d'Académie depuis la même année à la suite de l'Exposition des travaux des élèves de l'Ecole régionale des Beaux-Arts d'Angers ; enfin récompensé de la médaille d'or des Expositions scolaires par le ministère de l'Instruction publique à l'Exposition universelle du Centenaire.

Tout un passé d'honorabilité de services rendus et de travail consacré au département, aux administrations publiques, à des travaux de clientèles particulières, s'incarne dans la personne de M. Dainville, dont quantité d'édifices publics, comme l'Asile départemental de Sainte-Gemmes, l'Ecole normale d'instituteurs, le Lycée d'Angers, la Ferme-Ecole du Prieuré de Saint-Georges, de nombreux édifices privés, tels que : l'Eglise Saint-Laud d'Angers, le Couvent des Plaines Saint-Léonard et quantité d'habitations civiles attestent le talent reconnu, le mérite et le sentiment dans ce que cet élément, qui reflète la valeur de l'artiste dans l'architecte, a de justement approprié aux circonstances, aux buts à atteindre, aux nécessités commandées.

L'assiduité bienveillante de M. Dainville aux travaux de la Société des Architectes de l'Anjou, sa présence presque constante au milieu de cette compagnie, l'ont fait connaître et apprécier davantage de plus en plus. Cette même assiduité a permis de constater qu'aux qualités de constructeur et d'artiste il joint celle d'administrateur consommé, et c'est sans doute ce qui l'a fait désigner au choix de la municipalité pour les lourdes fonctions de Commissaire général de l'Exposition, dans lesquelles, malgré ses 70 ans, il déploie une activité extraordinaire et une énergie peu commune.

M. Dainville couronne sa brillante carrière par un acte d'un véritable dévouement pour sa ville natale et pour l'Anjou, souhaitons que la récompense la plus élevée dont puisse disposer le gouvernement en faveur des serviteurs dévoués du pays lui soit accordée et que le jour de l'ouverture de l'Exposition sa boutonnière soit ornée, aux applaudissements de tous ses collaborateurs du moment et de la foule, du ruban de la Légion d'honneur.

M. DAINVILLE

Nous voilà donc maintenant à l'Exposition.

Le bâtiment principal qui constitue le Palais de l'Exposition, présente la forme d'un grand rectangle terminé au fond par un hémicycle. Il est prolongé vers la gauche, du côté de la rue de Paris, par une galerie longitudinale occupée en son milieu par une galerie transversale à angle droit. En avant, vers le boulevard de la Mairie, la construction est complétée par un péristyle d'entrée et par deux pavillons de façade, et ces pavillons sont reliés aux grandes galeries par des galeries secondaires de raccordement.

En dehors du Palais, sur le boulevard du même nom, le service de l'Exposition est complété par une galerie des machines disposée parallèlement aux arbres de ce boulevard. Cette galerie se subdivise en deux parties séparées entre elles par un espace couvert.

Au centre de toutes les constructions de ce palais, un grand jardin est établi avec bassins, massifs, rochers, cascades et allées sablées. Des constructions légères pour le service de l'Exposition, telles que kiosques pour les journaux, cafés, postes et télégraphes, water-closets, etc., enfin un kiosque pour les concerts y est installé.

On remarquera surtout un superbe rocher agreste en rocaille, surmonté d'un joli châlet et une grotte avec cascade et brasserie d'un effet pittoresque, construite sous l'habile direction de M. Perrault fils aîné.

Les grandes galeries mesurent une largeur de chacune 18 mètres et sont affectées aux diverses industries qui sont représentées à l'Exposition; — l'hémicycle et la salle du Dôme sont affectés à la peinture moderne, à la sculpture, à l'architecture, gravures, etc.

Du côté gauche, les deux galeries qui joignent l'hémicycle sont destinées à la peinture ancienne et aux collections se rapportant à l'art rétrospectif.

C'est dans l'avant-partie de ces dernières galeries que le visiteur trouvera le SALON DU CYCLE, dont l'initiative a été prise par M. RENÉ MOUILLIEN *(M. Eneryh)*, rédacteur en chef du journal *l'Exposition* et de *l'Echo de l'Anjou*.

L'Exposition vélocipédique occupe une galerie de 320 mètres carrés; elle comprend les meilleures marques françaises, plusieurs inventions angevines et les meilleures marques étrangères.

Dans cette galerie on remarquera une superbe statue, due au talent de M. Joseph Luchini (artiste très apprécié et à qui nous devons notre charmante couverture), symbolisant le Véloce-Club Angevin, l'une des premières Sociétés vélocipédiques créées en France. Sa fondation remonte à 1875.

Dans les pavillons de la façade principale sont exposés les arts libéraux, les arts décoratifs, les dessins des écoles professionnelles. Ils serviront aussi de salles de conférences et d'auditions musicales.

L'ensemble de la surface couverte des bâtiments dépasse dix mille mètres carrés, celle des jardins, six mille mètres.

Le plan général que nous donnons (page), guidera le visiteur partout où il dirigera ses pas, ainsi que la liste des exposants dont nous le faisons suivre.

A côté de l'Exposition, et comme attraction, signalons le Village Algérien, avec sa mosquée, ses minarets, ses bazars, ses boutiques, ses cafés, ses ateliers, etc., etc.

Autour de l'Exposition existent d'autres attractions qu'il serait trop long d'énumérer ici et que le visiteur trouvera sans peine.

M. Aïvas

Dans son discours d'ouverture de l'Exposition, M. le Maire d'Angers, en présence de toutes les notabilités de notre ville, s'exprimait ainsi :

» Nous avons parlé avec éloge de M. Dainville et de M. Martin, mais que ne dirons-nous pas de M. Aïvas, notre architecte, qui a dressé les plans et conduit les travaux du magnifique palais qui couvre en entier le Champ-de-Mars ? Ce monument, par ses grandes lignes, sa façade architecturale, révèle l'artiste, l'homme de goût et le savant qui s'est inspiré des meilleures traditions de l'art grec ».

De son côté, M. Max-Richard, l'éminent président de la Chambre de commerce, avec son indiscutable autorité, venait confirmer en ces termes les paroles prononcées par M. le Maire :

« Je crois ne pouvoir mieux faire que de répéter ici bien haut ce que, dans la journée d'hier, dans les galeries de l'Exposition, au cours des derniers préparatifs de l'inauguration qui a lieu en ce moment, j'entendais sortir de toutes les bouches, avec une unanimité qui m'a frappé, mais qui ne m'a pas surpris.

« Tous, en effet, exposants, visiteurs, ou membres des Comités d'installation, s'accordaient à dire que jamais, en aucune exposition,

ne s'était rencontrée une meilleure et plus gracieuse disposition des bâtiments et des salles, ni une plus commode et plus aisée distribution, répartition et installation des objets exposés, tous en faisaient grand honneur au travail et aux efforts persévérants continués, pendant de longs mois, de M. le Commissaire général Dainville et de M. l'architecte Aïvas, au mérite et au talent desquels j'ai tenu, à mon tour, à rendre ici l'hommage qu'ils méritent. »

Tous ces éloges, si justement décernés, nous faisaient un devoir de présenter, sans plus tarder, à nos lecteurs l'homme aussi distingué que modeste auxquels ils s'adressaient.

M. AÏVAS (ALEXANDRE), est né en 1829, à Alexandrie, en Egypte, de parents originaires de Marseille. Malgré la consonnance étrangère de son nom, M. Aïvas est donc Français.

Après avoir fait ses études au lycée Louis-le-Grand, à Paris, il passa à l'École Nationale des Beaux-Arts, où il fut élève de Garnaud. En 1853, il obtint son diplôme de professeur de lavis et de dessin linéaire et fut nommé à cet emploi aux cours d'adultes de la ville de Paris, poste qu'il occupa brillamment jusqu'en 1858. Il fut également, dans cette même ville, inspecteur des travaux municipaux.

Le talent dont il fit preuve en différentes circonstances, ne tarda pas à appeler l'attention sur le jeune architecte, et M. Aïvas fut nommé architecte-voyer en chef de la ville d'Angers, fonction qu'il remplit de 1859 à 1868. Ce fut lui qui, à la suite d'un concours public, fut choisi comme architecte de l'Exposition générale d'Angers, en 1864. Dans l'intervalle de 1862 à 1867, M. Aïvas fut expert délégué du ministère des Travaux publics pour le règlement des indemnités de dommage résultant des travaux de défense des bas quartiers d'Angers contre les inondations.

Nommé à nouveau architecte de notre Ville en 1884, et chargé de la direction du service d'architecture, il devint, en 1885, professeur d'architecture, de perspective et d'histoire de l'art à notre École régionale des Beaux-Arts, toutes fonctions — n'est-ce pas là le meilleur des éloges ? — qu'il occupe encore aujourd'hui avec une valeur au-dessus de toute critique.

Ces situations successives furent loin de constituer pour M. Aïvas autant de sinécures. Dans chacune d'elles, au contraire, il déploya la plus grande activité. Nous n'en voulons pour preuve que les travaux qu'il exécuta pour la ville d'Angers. Comme architecte-voyer, c'est à lui qu'on doit l'Avenue de Contades, le nouveau quartier du Clon et les abords de la caserne de cavalerie, la rue des Arènes, les boulevards Henri-Arnaud, Descazeaux et du Ronceray, les nouveaux quartiers de la Poissonnerie et de la place Cupif (place de la République), la place du Ralliement, la rue d'Alsace, la rue Lenepveu et un très long développement de voies publiques.

Comme travaux spéciaux d'architecture, M. Aïvas exécuta les annexes du Théâtre d'Angers (maison Gasnault et maison Maignan), le Presbytère Saint-Serge, la nouvelle salle de peinture et de sculpture au Musée, les groupes scolaires, les laboratoires et salle de dissection à l'École de Médecine et de Pharmacie, l'Hôtel auxiliaire des Postes, l'agrandissement de l'Abattoir, la restauration de la tour Villebon, le monument de Chevreul, la grille monumentale du Jardin des Plantes, la terrasse et les grands escaliers de la nouvelle entrée dudit Jardin, en collaboration avec M. Coindre, ingénieur en chef à Angers, etc.

Non content de se distinguer comme praticien, M. Aïvas utilisa également les rares loisirs que lui laissaient d'aussi nombreux travaux

à composer plusieurs ouvrages scientifiques. Nous citerons notamment le *Nouveau Plan Topographique* d'Angers, avec notice des édifices publics, des voies publiques et de l'altitude des différentes courbes de niveau déterminant le relief du sol (1875 — chez Germain et Grassin, éditeurs à Angers). Il écrivit aussi plusieurs autres notices sur les édifices d'Angers.

De plus, M. Aïvas est membre de la caisse de défense mutuelle des architectes français à Paris, membre de la société des architectes de l'Anjou et membre de la société des Amis des Arts et de la société des Etudes scientifiques.

Tant d'œuvres remarquables et variées et dans lesquelles se trouvaient prodigués un talent si primesautier et tant de superbes qualités ne pouvaient rester sans récompenses. Elles ne furent pas plus ménagées à M. Aïvas que lui-même n'avait ménagé son mérite. En 1858, il fut titulaire d'une médaille d'argent grand module pour services rendus à l'enseignement des adultes à Paris; puis titulaire d'une médaille d'argent du Ministre du commerce. Ses travaux municipaux à Angers lui valurent successivement une médaille d'or de la Ville, en 1864; une autre médaille à l'Exposition universelle de 1889 et enfin les palmes académiques le 14 janvier 1894.

Si, dans tous ses travaux, M. Aïvas s'est révélé architecte d'une haute autorité, on peut bien dire que l'édification des bâtiments de l'Exposition d'Angers est le digne couronnement de son œuvre. Il s'était déjà préparé dans ce genre, en collaborant comme architecte-constructeur à l'Exposition industrielle et artistique du Mans en 1880.

Que dirons-nous de plus ici sur les bâtiments qui, en six mois, se sont élevés comme par enchantement sur la place du Champ-de-Mars, que ce qu'en ont dit M. le Maire d'Angers et M. Max Richard, dont nous rapportions tout à l'heure les éloges. Avec des ressources très restreintes et un emplacement qui eut été insuffisant pour un autre moins habile, M. Aïvas a su faire un bijou de simplicité et de grâce architecturales. Il a compris que pour une ville coquette et jolie comme est la nôtre, dans cet encadrement de rameaux et de feuillage printannier que donnent nos boulevards et le Jardin du Mail, il fallait quelque chose de non moins coquet et de non moins joli. Il a su faire une alliance heureuse de la distinction angevine avec l'harmonieuse sobriété grecque et quelque chose d'exquis se dresse aujourd'hui pour faire l'admiration de tous.

Eh bien! qu'il nous soit permis à notre tour d'unir aujourd'hui dans le même hommage et dans le même souhait les deux hommes si modestes et si pleins de talent à qui reviennent toute la gloire de notre Exposition : M. Aïvas et M. Dainville. Nous ne pouvons mieux faire que de répéter ici, en l'appliquant à tous les deux, la parole qui a été prononcée dans le discours d'ouverture : « S'ils ont été à la peine, il ne dépendra de personne qu'ils ne soient pas également à l'honneur. »

Escalier et Grille du Jardin des Plantes

En face l'entrée principale, le visiteur, à sa sortie de l'Exposition, s'engagera dans la rue de l'Aubrière qui le conduira à l'*Eglise Notre-Dame*. Cette église, construite au XVIIIe siècle, est appelée à disparaître au premier jour, une somme de 500,000 fr. ayant été léguée à la Ville pour sa reconstruction. En sortant par la porte principale, il se trouve dans la rue Pocquet de Livonnière.

Dans cette rue, il remarquera, en remontant à gauche, des constructions des XVe et XVIe siècles et la porte d'entrée de l'ancien Tribunal de Commerce, n° 35, style Louis XIII.

A l'extrémité de cette rue commence la place des Halles, où existent : les anciennes *Halles*, curieux spécimen de charpente du XVIe siècle ; l'ancien *Palais de Justice*, où sont installés : l'Académie de l'Anjou, un Musée d'Histoire naturelle et la Bourse du Travail.

En remontant cette place jusqu'au boulevard, le visiteur se trouve en face de la grille monumentale du *Jardin des Plantes*, situé à cent mètres environ de l'Exposition.

Ce Jardin superbe a été créé dans la Vallée St-Samson, en 1777, par un groupe de naturalistes, parmi lesquels se trouvait Laréveillière-Lépeaux, dont le petit-fils, M. Robert David-D'Angers, vient de publier les Mémoires.

C'est une promenade admirable où coule un ruisseau d'eau vive et où l'on remarque les ruines de l'église Saint-Samson, le buste de Boreau, ancien directeur du Jardin botanique et le monument au centenaire et savant chimiste CHEVREUL.

Après avoir visité ce joli Jardin public ouvert, pendant l'été, de 7 h. du matin à 7 h. du soir, si l'on sort par la rue Boreau, le grand Séminaire s'offre aux regards et, derrière, on aperçoit le clocher de l'Eglise Saint-Serge.

Cette église, classée parmi les monuments historiques, dépendait d'un monastère fondé vers le VIIIe siècle. On y remarque de l'architecture des XIe XIIe, XIIIe et XVe siècles.

Ainsi que l'on pourra en juger par la vue que nous donnons ci-dessous, ce monument est peu intéressant à l'extérieur ; mais il n'en n'est pas ainsi à l'intérieur où l'on trouve le style Plantagenet le plus pur et le plus élégant.

Près de l'église Saint-Serge se trouve la gare de ce nom.

Dans la rue du Commerce, voisine de cette gare, on remarque plusieurs vieilles maisons, dont une possédant à un angle extérieur un groupe de sculptures intéressantes.

Dans cette partie centrale de la ville, rien autre chose ne peut retenir l'attention du visiteur; nous le conduisons donc aussitôt sur le pont de la Haute-Chaîne, où nous lui montrons le quai Gambetta avec les pontons des bateaux à vapeur et le magnifique panorama de *Reculée.*

A l'extrémité de ce paysage charmant, où les pêcheurs viennent nombreux taquiner le gardon, apparaît le pont du chemin de fer (ligne d'Angers à Segré). A quelques mètres en amont, la *Mayenne* et la *Sarthe* mélangent leurs eaux et forment la MAINE,

Sur sa gauche, le visiteur remarquera le faubourg de *Reculée.*

Le Roi René, qui aimait la pêche et les pêcheurs, fit bâtir en Reculée, vers 1466, un manoir qui, de nos jours, sert d'atelier de charronnage.

TOUR DES ANGLAIS OU TOUR GUILLOU

QUINCAILLERIE, FONTE D'ORNEMENT
Chauffage, Ustensiles de Ménage
Lits de fer - Porte-Bouteilles - Buanderies
LESSIVEUSES
Bancs, Chaises, Coupes, Vases, etc.
POUR JARDINS
Fournisseur de L'ETAT
A. TOURON
ANGERS — 29, rue Bodinier, 29 — ANGERS
Serrurerie
Electricité
COFFRES-FORTS
Spécialité pour Horticulteurs
Fil de fer, Grillage, Pompes
Binettes, Sécateurs
Articles d'Écurie, Râteliers, Mangeoires
Porte-Harnais, Entourages de Tombes, Croix, etc.
MÉDAILLE D'ARGENT, D'OR, DIPLOME D'HONNEUR

Cette tour, qui se fait remarquer auprès du bateau lavoir, est vulgairement appelée *tour des Anglais*. On prétend qu'elle a été construite par ceux-ci, pendant leur domination et pour leur défense, mais, en réalité, elle devait faire partie des fortifications primitives d'Angers. On l'appelle encore *tour Guillou*. En continuant son chemin en ligne droite, le visiteur arrive vers le boulevard Daviers et il aperçoit devant lui les immenses dépendances de l'École de Médecine de l'hospice Sainte-Marie et de Saint Martin-la-Forêt.

A sa gauche, il remarquera une agglomération de constructions dont l'origine remonte à 1170. C'est l'ancien *Hôpital Saint-Jean*, aujourd'hui occupé par le *Musée d'Archéologie*, les orphelinats municipaux (garçons et filles), et les magasins de la Ville.

On entre au musée par le boulevard Arago et à l'intersection de ce boulevard avec la rue Gay-Lussac qui conduit au Grenier Saint-Jean (curieuses ruines dépendant de l'ancienne aumônerie de ce nom)

VUE DU MUSÉE SAINT-JEAN

NOTICE. — Cet hôpital ou aumônerie fut fondé par Henri II, comte d'Anjou et roi d'Angleterre. La grande salle où se trouve le musée, est divisée en trois nefs égales, longues de 48 mètres et larges de 17. Un square des plus agréables, renfermant de nombreuses curiosités romaines, entoure le musée.

Derrière la grande salle, existe la *chapelle*, où de magnifiques sculptures offrent un attrait particulier.

Ces bâtiments ont été acquis par la Ville, en 1808.

La construction de ce monument remonte à l'époque pendant laquelle s'opéra l'alliance du *Roman*, du *Byzantin* et de l'*Ogive*, sous une forme spéciale à l'Anjou : STYLE PLANTAGENET (1174-1230). La vaste pièce où est installé ce musée, dit M. Godard-Faultrier dans la préface de l'inventaire qu'il a dressé, « n'a pas moins dans son œuvre de *treize cent cinquante mètres superficiels*. Son rectangle est divisé en trois nefs, par *quatorze colonnes* médianes et *vingt-deux colonnes* engagées. Ces trente-six fûts, à base et chapiteaux encore romans, soutiennent *vingt-quatre voûtes* style Plantagenet (XIIIe siècle). »

ELIXIR PLÉRÈS
Médaille d'or, Paris 1894

Grande Pharmacie du Progrès

ET

DROGUERIE GÉNÉRALE

BRINDEAU-DESPLANTES

Pharmacien-Droguiste, Elève de l'Ecole Supérieure de Paris

GROS ET DÉTAIL

Le MEILLEUR MARCHÉ de tout l'Ouest

A l'angle des rues Baudrière et de la Poissonnerie

NE PAS CONFONDRE

La Maison se trouve tout à fait au bas de la rue Baudrière
et est la plus voisine du Pont du Centre

Produits et Préparations de PREMIER CHOIX et de QUALITÉ IRRÉPROCHABLE

Drogueries Médicinales - Drogueries Vétérinaires

SPÉCIALITÉS MÉDICINALES ET VÉTÉRINAIRES

Herboristerie de Choix à Prix réduits

Bandages - Bas à Varices - Ceintures - Suspensoirs - Biberons

AUX PRIX DE FABRIQUE

Dans ce musée, l'Anjou contribue pour la majeure partie. Cette riche collection représente l'histoire locale par ses monuments et par ses traditions. On y trouve les traces et les souvenirs des Celtes, des Romains et du Moyen-Age de l'Anjou.

Pour plus de détails, se reporter à l'inventaire, en vente chez le concierge.

Ce Musée a été inauguré le 29 novembre 1874.

La chapelle qui fait suite à la grande salle aurait été construite en 1184.

En retournant au boulevard Daviers, le visiteur prendra à gauche l'avenue de l'Hôtel-Dieu qui conduit à l'hospice Sainte-Marie.

La première pierre de cet établissement a été posée en 1849 et malgré l'étendue immense qu'il occupe, il est bien rare de voir passer une année, sans qu'il soit permis de constater de nouveaux agrandissements ou aménagements.

Le nombre des lits de l'hospice Sainte-Marie varie entre 15 et 1,600, il arrive parfois, malgré ce chiffre élevé, que les administrateurs pressent la sortie des convalescents, faute d'espace.

La chapelle, absolument superbe, est ornée de fresques remarquables. M. Apert y a peint : l'*Assistance à l'Enfance*, l'*Assistance à la Vieillesse* et la *Vierge consolatrice des affligés* ; M. Dauban : le *Christ en croix*, l'*Éducation*, la *Mort de la Sainte-Vierge* et le *Viatique* ; M. Lenepveu : l'*Annonciation*, la *Présentation*, la *Voie douloureuse* et la *Réception de soldats blessés*. MM. Dauban et Lenepveu sont, en outre, les auteurs de la grande fresque du chœur, de la décoration des pendentifs et du Chemin de Croix. Plusieurs de ces ouvrages ont été exécutés aux frais du peintre Bodinier, généreux donateur de l'hôtel de Pincé.

En sortant de l'avenue de l'Hôtel-Dieu, le visiteur traversera le boulevard Daviers et s'engagera dans la rue Négrier qui y fait face et qui le conduit place de la *Paix* et dans la *Doutre*.

C'est là que se rencontre encore les vieux logis fleuronnés et écussonnés ; des maisons en bois avec date et inscription remontant au XVe siècle. Tout près est le tertre Saint-Laurent, où la principale procession du *Sacre* se rend chaque année.

TERTRE SAINT-LAURENT

A citer : place de la *Paix*, dans l'angle à gauche, une construction de 1657 ; en face, à l'entrée de la rue de l'*Hommeau*, un logis de 1554. Dans la rue de la *Harpe*, presque toutes les maisons sont des xve et xvie siècle.

Du tertre, le visiteur remontera à la place de la Paix, prendra la rue de l'Hommeau qui le conduit à la rue Lyonnaise, qu'il traversera pour prendre la rue Billard, puis le boulevard Descazeaux, où il admirera la *maison de la Voûte* ou des *Pénitentes*.

LES PÉNITENTES

La maison de la *Voûte*, ce joli spécimen du xve siècle et de la première *Renaissance* que l'on aperçoit à gauche en montant le boulevard Descazeaux, et dont nous offrons aujourd'hui une jolie reproduction, fut créée pour recevoir, disent les historiens, les femmes et les filles vivant dans le désordre.

L'évêque Henri Arnaud, fondateur du *Mont-de-Piété*, ayant recueilli d'abondantes aumônes, fonda dans cette maison la communauté des *Pénitentes*, dont la première supérieure fut Marguerite Deshayes.

La maison de la *Voûte* ou des *Pénitentes* servait de refuge en temps de guerre aux moines de Saint-Nicolas. Jean de Charnacé, abbé contesté, s'y retira et y mourut en 1539. Elle fut occupée successivement par le duc de Mercœur, Palamède de la Grandière, Mlle de Millepied et le célèbre sculpteur Biardeau. Elle se compose de deux corps de logis distincts, dont un à droite, du xve siècle, percé sur sa façade d'une triple baie superposée formant la porte, la fenêtre, le grenier, le tout encadré de deux colonnes torses avec clochetons. Une grosse tourelle, suspendue en poivrière, avec une ceinture de créneaux bizarres, relie en retour d'équerre le principal corps, plus moderne d'un siècle, que pare, entre deux hautes et larges fenêtres, une fenêtre centrale bordée de pilastres tout surchargés d'arabesques.

Au-dessus du linteau, sort d'une couronne de fleurs le buste d'un vieillard qui paraît ceindre un baudrier. Diverses moulures s'enroulent au pignon supérieur et aux lucarnes. L'entrée vers sud est

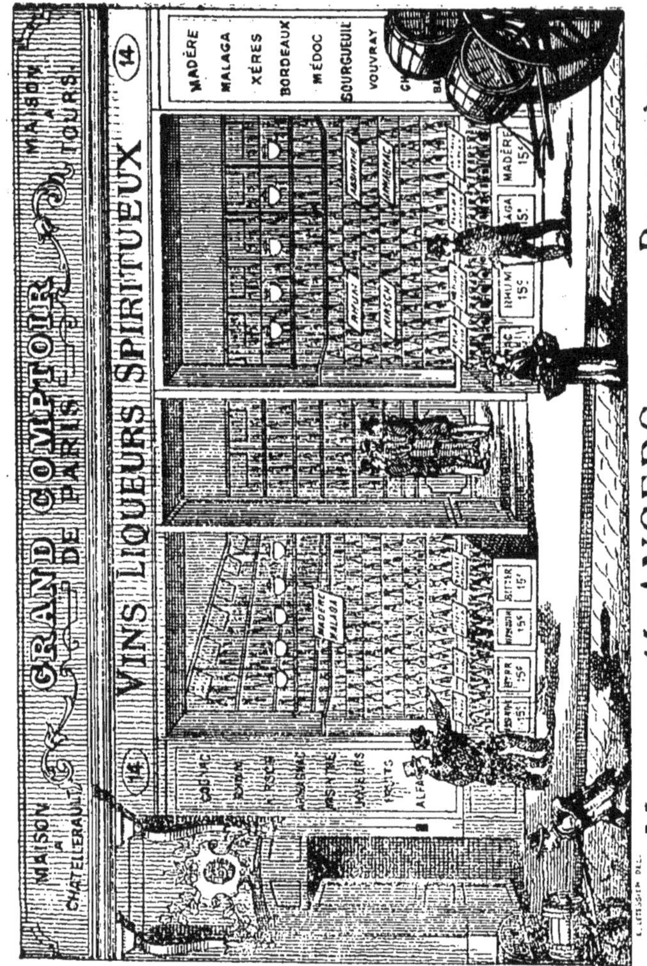
MAISON À CHATELLERAULT
GRAND COMPTOIR DE PARIS
MAISON À TOURS
14
VINS LIQUEURS SPIRITUEUX
MADÈRE
MALAGA
XÉRES
BORDEAUX
MÉDOC
BOURGUEIL
VOUVRAY
RHUM
KIRSCH
ABSINTHE
MADÈRE 15f

surmontée de deux demi-tourelles plus lourdes qu'élégantes ; à l'angle, une troisième avec pignon aigu. A l'intérieur absolument dévasté une belle cheminée du XVIe siècle, toute embadigeonnée, porte à sa frise quatre médaillons, dont un de femme, les autres peut-être de religieux. Au centre du manteau une tête moustachue et échevelée dans une couronne accostée d'entrelacs, d'arabesques, de singes grimpants et d'oiseaux fantastiques. C'était devenu, après la révolution, une maison de justice et d'arrêt pour femmes. Deux cachots, pratiqués sous terre, y renfermaient les condamnés à mort. Il a été question de restaurer la demeure entière pour y établir la cure de la Trinité. En attendant, c'est le siège de la justice de paix du canton nord-est.

RUINES DE L'ABBAYE DU RONCERAY

Après avoir descendu le boulevard Descazeaux, traversé la place de la Laiterie, on remarquera à gauche les ruines du Ronceray, attenant à l'église de la Trinité.

Les superbes ruines dont nous donnons une reproduction ci-contre, dépendaient primitivement d'une basilique dédiée à la Vierge et qui portait le nom de *Notre-Dame de la Charité*. Ruinée déjà de fond en comble, au temps de Foulques Nerra, ce prince, avec l'aide de la comtesse Hildegarde et de son fils Geoffroy, la fit réédifier en ne conservant que l'ancien autel dans la crypte.

Cette crypte, oubliée pendant quatre siècles, fut retrouvée une première fois en 1527, avec une vierge en bronze perdue au milieu des ronces, dont un pied, toujours vert et regardé comme miraculeux, croissait encore au XVIIe siècle dans la muraille inférieure. C'est, dit M. Célestin Port d'où lui vient le nom populaire du *Ronceray*.

La dédicace de l'église eut lieu le 14 juillet 1028 et une seconde consécration par le pape Calixte II en 1119.

On a retrouvé en 1857 et restauré la crypte datant de Foulques Nerra. La voûte portait sur quatre rangs de piliers. A côté s'ouvraient deux autres petites chapelles fort obscures avec autels carrés. L'autel de la chapelle centrale portait une Notre-Dame en cuivre doré, ayant l'Enfant-Dieu sur ses genoux. Les deux statues avaient les yeux en émail.

Lors de la Révolution, le Ronceray était un abbaye de femmes, où se retirait toute la haute noblesse.

Le 26 avril 1790, y vivait Mme Farcy d'Ecuillé, âgée de 81 ans, Mme de la Motte de Senonnes, âgée de 80 ans, Mme Turpin de Crissé, âgée de 79 ans, aveugles ou perclues.

L'abbesse était âgée de 72 ans. La vente nationale eut lieu du 10 au 20 octobre 1792. Les tapisseries qui représentent le Miracle de Saint-Melaine sont aujourd'hui au château de Serrand.

Pendant les guerres de la Vendée il fut établi un bel hôpital au Ronceray, qui, plus tard, fut transformé en caserne d'infanterie.

Dès l'AN VII on pensait y installer une caserne de cavalerie et la Manutention. La Ville offrait de se charger des frais de construction, sous la condition que l'Etat lui rendrait les bâtiments de l'Académie. Une décision du Ministre de la Guerre approuva ce projet et la première pierre fut posée le 27 mai 1806, mais on reconnut bientôt que le choix de cet emplacement était déplorable et le 31 mai 1814 on y établissait l'Ecole des Arts et-Métiers.

Notre Ecole nationale d'Arts et Métiers honore trop notre ville pour que nous ne profitions pas de notre visite au Ronceray pour rapporter ici ce qu'en dit M C. Port dans son Dictionnaire.

Créée par arrêté consulaire du 19 mars 1804, à Beaupréau, l'Ecole s'y trouvait perdue au milieu des haines populaires. Un arrêté préfectoral du 13 mai 1815 la transféra à Angers, dont le Conseil municipal en avait tout récemment sollicité le privilège. La première installation dans les bâtiments de l'Abbaye du Ronceray coûta à peine 30,000 fr. Encore moins s'occupa-t-on d'en perfectionner l'organisation. Une première ordonnance royale du 18 juillet 1816 supprima le régime et le costume militaire, règle uniforme de l'Empire ; une seconde ordonnance du 26 février 1817 fit mieux en assurant définitivement l'existence menacée de l'Ecole. La serru-

rerie, la menuiserie restaient les seuls travaux mécaniques; on sacrifiait alors surtout à l'étude des théories, et une portion même des élèves, par autorisation spéciale, ne suivait pas d'autres enseignements. L'ordonnance du 3 décembre 1826 tenta un timide essai de réorganisation. Le premier bâtiment neuf de la fonderie date de 1827. L'Ecole, recrutée d éléments populaires, passait pour hostile et dangereuse. Vers la fin de la Restauration, le désordre administratif, par suites de cabales, y était complet et la coterie organisée si puissante que le directeur Billet, destitué aux premiers jours de 1830, réintégré après la révolution triomphante, ne put même rentrer en fonctions et dut céder la place. La direction de M. Dauban rétablit la discipline en même temps que, secondée par l'ordonnance du 23 septembre 1832, elle put rendre à l'institution ses véritables pratiques, intermédiaires entre celles de l'ouvrier et de l'ingénieur.

Dès lors ses œuvres figurent avec succès aux expositions de Paris.

En même temps, les ateliers de serrurerie et d'ébénisterie sont fermés, au moment où l'Ecole semait le département de travaux alors admirés, mais d'un goût détestable et qui avaient soulevé contre cette concurrence privilégiée, les récriminations violentes de l'industrie angevine.

En 1836 et 1837, le Conseil général demande la création d'un externat, proposition qui ne fut pas appuyée par la Ville (3 décembre 1836).

Des travaux considérables, entrepris en 1841, ont renouvelé complètement l'installation matérielle qui comprend actuellement : — à gauche, les vieux bâtiments ; — dans une première cour sur la rue, les logements des fonctionnaires ; vis-à-vis la direction ; — au fond, dans les bâtiments de l'abbaye, les dortoirs, les classes, le réfectoire, l'infirmerie ; une cour intérieure, dite des cloîtres, conduit à la chapelle restaurée, ancienne nef de l'église de Ronceray ; — à droite, derrière une grille, trois corps de bâtiments neufs : 1° l'ajustage et la menuiserie ; 2° les forges précédées des bureaux du chef de travaux ; 3° la fonderie. — Entre ceux-ci, une belle cour plantée d'arbres, ouvre sur un beau portail que décorent deux statues de Seurre aîné.

Les œuvres des élèves de notre Ecole Nationale des Arts-et-Métiers, sont exposées dans la galerie principale, groupe 5, de l'Exposition d'Angers. Elles font l'admiration de tous et honorent maîtres et élèves.

Autour des ruines du Ronceray, rue Beaurepaire et place de la *Laiterie*, où est édifiée la statue de Garnier bienfaiteur de l'humanité, on rencontre encore de très jolies maisons construites en bois, en briques et en bousillage.

Pour visiter la crypte du Ronceray s'adresser au sacristain de la Trinité

Pour visiter la chapelle du Ronceray, s'adresser au concierge de l'Ecole des Arts et Métiers

CAFÉ CHERPY
Quai National, ANGERS

Rue Beaurepaire et Église de la Trinité

NOTICE. — L'église de la Trinité dépendait autrefois du Ronceray. Sa construction remonte au XIIe siècle. Une restauration complète, sous la direction de M. Joly, eut lieu de 1874 à 1878. On remarque dans cette église de riches et admirables moulures. Les travaux de restauration ont fait découvrir de grandes tombes de pierres et des inscriptions.

On y remarque un curieux bas-relief en bois doré du XVe siècle, un escalier tournant en bois et un christ du sculpteur angevin Maindron.

Le clocher n'est roman qu'à la partie inférieure, le reste, sauf le couronnement qui est moderne, est l'œuvre de Jean de Lépine.

En quittant la rue Beaurepaire, le visiteur prend le pont du Centre où il remarque le monument élevé à la mémoire de l'héroïque soldat de Verdun

Statue de Beaurepaire

Ce monument a été érigé en 1889 et inauguré solennellement le 14 juillet de cette même année. En 1842, le grand artiste angevin David d'Angers proposa à la municipalité l'érection d'un monument à Beaurepaire ; en 1848, Bordillon, une autre gloire angevine, dont un monument perpétue le souvenir sur la place de ce nom, auprès de l'église de la Trinité, alors commissaire du Gouvernement, posait la première pierre du piédestal destiné à recevoir la statue de l'héroïque commandant des mobiles de Maine-et-Loire.

En quittant le pont du centre le visiteur aperçoit, sur sa gauche, le *Cirque Théâtre* où des représentations populaires (drames et comédies) sont données chaque dimanche. A sa droite est le quai de Ligny, conduisant au pont de la *Basse-Chaîne*. Ce pont a été construit en 1851-52 et a remplacé le pont suspendu qui s'effondra le 16 avril 1850 au moment du passage du 11e léger. Plus de deux cents malheureux officiers ou soldats périrent dans cette catastrophe, malgré le zèle et le dévouement de la population.

Une colonne monumentale est érigée au cimetière de l'Est (route de Saint-Barthélemy) pour honorer la mémoire de ces malheureuses victimes.

Au-delà de ce pont le visiteur remarquera le quai du *Roi de Pologne* où existent quelques vieilles maisons dont nous donnons ci-dessous une reproduction, notamment celle de ce nom qui renfermait la cheminée que nous avons signalé dans notre notice sur l'Hôtel-de-Ville.

HOTEL DU ROI DE POLOGNE

Après avoir visité ce pittoresque quartier, nous engageons le lecteur à revenir au *Pont du Centre* et à prendre la rue Baudrière qui est certainement, au point de vue antique, l'une des plus curieuses d'Angers. Tout d'abord lui apparaît la Fontaine *Pié-Boulet*, édicule élevé en 1416 par le duc d'Anjou. Les maisons des numéros 55 à 75 de cette rue sont absolument remarquables. En face a été mis à découvert en 1893 la *Tour Vilbon* que la municipalité a fait restaurer.

Au no 7 et 9 de la rue de l'Oisellerie on remarque également deux curieux spécimens des constructions en bois et bousillage et dont on trouvera un spécimen ci contre.

En face ces deux jolies maisons est le Palais épiscopal.

6

VUE DE L'ÉVÊCHÉ

NOTICE : Ainsi que nous l'avons dit dans notre notice sur la ville d'Angers, évêché serait l'ancien capitole qui devint ensuite la résidence des comtes Romains et Francs. Les évêques d'Angers en prirent possession vers 850 à la suite d'une transaction intervenue entre le comte Eudes et l'évêque Dodon.

De l'évêché le visiteur prendra la rue de l'Oisellerie, traversera le carrefour Rameau, la rue Chaussée Saint-Pierre et tombera ainsi sur la superbe place du Ralliement. En continuant son chemin en ligne droite jusqu'à la rue Lenepveu, il laisse à gauche la rue des Deux-Haies où est né le 31 août 1786 le savant chimiste Chevreul ; la rue de la Roë où ont lieu les cours de l'Ecole de musique et il arrive devant le magnifique Hôtel de Pincé dont nous donnons une fidèle reproduction :

GRAND RESTAURANT DU THÉATRE

TOUCHANT LA BELLE JARDINIÈRE

12, Rue des Deux-Haies, 12, ANGERS

A. MONIGATTY

DÉJEUNERS & DINERS A LA CARTE & A PRIX FIXE

Maison de Confiance recommandée

V. HAMONET

PARIS 88-89 — CHIRURGIEN-DENTISTE — PARIS 88-89

Diplômé par la Faculté de Médecine

DE PARIS

Laureat et diplômé de l'Ecole Dentaire de PARIS

EX-PRÉPARATEUR DE CHIMIE

à l'Hôpital Dentaire de PARIS

Médaille de Vermeil — *Médaille de Bronze*

ANGERS *Place du Ralliement* ANGERS

ÉMAUX & PLOMBAGES DE TOUTES SORTES

Spécialité d'Aurifications

TRAITEMENT DES MALADIES DE LA BOUCHE & DES DENTS

Redressement des DENTS

Dentiers et Pièces Dentaires de tous systèmes FRANÇAIS et AMÉRICAINS

Spécialité de Pièces Dentaires sans Crochet et sans Palais

ANESTHÉSIE — INSENSIBILISATION

SUCCURSALE : 10, Quai Monge, Angers-Doutre, tenue par M. S. PICAMAL, Dentiste. — Extractions gratuites de 8 heures à 9 heures du matin. — Consultations et Opérations Dentaires de 9 heures à 5 heures.

TRAITEMENTS — PLOMBAGES — DENTIERS DE TOUS SYSTÈMES

PRIX TRÈS MODÉRÉS

Hôtel Pincé

NOTICE : Ce superbe édifice, style Renaissance, a été construit pour Jean de Pincé, Maire d'Angers, sur les plans et sous la direction de Jean de l'Epine ou Lespine, de 1523 à 1535. Cette dernière date est celle de son inauguration. Certains historiographes rapportent qu'on l'appelait également Hotel d'Anjou (Guide Joanne), parce que Pierre de Pincé qui l'avait fait élever, était lieutenant-criminel du sénéchal de l'Anjou.

Un de nos compatriotes, le peintre Guillaume Bodinier, s'étant rendu acquéreur de cet hôtel, en fit don à la Ville à la condition qu'il soit consacré aux arts. C'est ainsi, pour répondre aux vœux du donateur et donner à ce palais un mobilier digne de lui, que le Conseil Municipal a décidé qu'il serait converti en musée ; que la riche collection Turpin de Crissé et les tableaux du peintre Bodinier, lui seraient confiés, en même temps qu'une salle serait consacrée à l'Architecture, suivant les dispositions du legs Moll.

Le Logis Pincé, ainsi qu'on l'appelait en 1874, se trouvait en fort mauvais état ;

La restauration faite par M. Magne, avec le concours de la Ville, du Département et de l'Etat, a redonné à cet édifice son aspect primitif, dont les beautés et les splendides collections qu'il renferme attirent chaque jour de nombreux visiteurs.

Après avoir examiné les superbes collections qui composent le musée, le visiteur retournera à la place du Ralliement sur laquelle il remarquera l'Hôtel des Postes et Télégraphes et le Théâtre.

Grand-Théâtre

NOTICE : La première pierre de ce théâtre fut posée le 9 juillet 1821 ; mais un violent incendie le détruisit presque entièrement dans la nuit du 4 au 5 décembre 1865. La reconstruction sur les plans de l'architecte Botrel de

MUSIQUE & INSTRUMENTS

EN TOUS GENRES

Voir EXPOSITION D'ANGERS 1895

Premier Groupe, Classe 9

A. METZNER-LEBLANC

13, Place du Ralliement, ANGERS

Représentant de la Manufacture des PIANOS BORD à l'Exposition d'Angers

Conditions exceptionnelles pendant la durée de l'Exposition

GROS **DÉTAIL**

FABRIQUE DE CORSETS

P. BELLANGER

19, Rue Bodinier (à l'angle de la rue de la Roë) - **ANGERS**

Près la Place du Ralliement

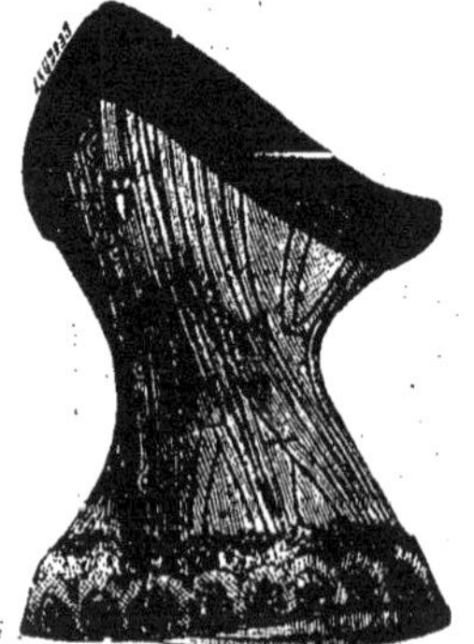

Exposition d'Angers 1895

(Voir Groupe 3)

SPÉCIALITÉ DE CORSETS

Sur mesure et en tous genres

LA PLUS IMPORTANTE MAISON DE L'OUEST

Recommandée pour l'élégance,
la souplesse et la solidité de ses Corsets

Médaillée aux Expositions de 1864 et 1877

D'ANGERS

ENGLISH SPOKEN

Notice. — La tour Saint-Aubin faisait partie de l'abbaye de ce nom, fondée par le roi Childebert vers 534. Sa construction semble par son style remonter au XIIe siècle. Aujourd'hui elle est utilisée par une fabrique de plomb de chasse.

Après avoir examiné les galeries de la Préfecture, la Tour Saint-Aubin qui est à côté, le visiteur reprendra la rue Saint-Aubin qui le conduira jusqu'à la maison d'Adam (place Sainte-Croix).

Maison d'Adam

Notice. — Cette maison a été acquise en 1714, par Michel Adam. Du côté de la rue Montault ou de l'évêché, on remarque les sculptures suivantes : L'*arbre du bien ou du mal*, chargé de fruits, un singe qui se gratte, un autre singe montrant des obscénités ; au-dessus, un pélican et un berger avec sa bergère ; sur la façade de la place, des joueurs de flûte, de musette, un satyre, une femme, un centaure sont très remarqués.

De là à la Cathédrale, il n'y a qu'un pas à faire.

VUE DE LA CATHÉDRALE

NOTICE. — L'ancienne Cathédrale, bâtie par Pépin et Charlemagne, avait été détruite par les Normands. Au XIe siècle, l'évêque Hubert, de Vendôme, entreprend de la rebâtir à ses frais ; en 1030, les murs de la nef sont achevés et recouverts de charpente et l'édifice est livré au culte.

En 1225, le chapitre fait construire les deux ailes qui sont terminées avec les stalles du chœur en 1240.

Les flèches ne sont commencées par le chapitre qu'en 1518 ; elles sont achevées en 1523. Dix ans après, le feu les détruit en partie et fond les cloches. Les chanoines réparèrent ces dégâts. La flèche du Nord atteint soixante-neuf mètres ; celle du Sud n'en a que soixante-cinq.

Peu de temps après, François de Châteaubriant charge l'architecte Jean Lépine, de bâtir la tour du milieu qui est terminée en 1540 ainsi que l'indique une inscription. Ces trois clochers reposent uniquement sur le mur du pignon de l'église, dans lequel est ouverte la porte principale.

La tour du milieu contenait autrefois deux magnifiques cloches, l'une, appelée Guillaume du nom de son donateur, Guillaume Rusé, évêque d'Angers, pesait vingt-cinq mille ; l'autre, Innocente, cadeau du chapitre, pesait quinze mille.

Ces deux cloches ont été détruites en 1793.

A la base de la tour centrale, on voit une rangée de huit guerriers armés de pied en cap (style renaissance).

Le portail présente une grande richesse d'ornementation dans le style roman : il est orné de huit grandes statues représentant des personnages bibliques, des statuettes d'anges et de vieillards couronnés et d'un grand bas relief.

L'ensemble de cet admirable travail produit un effet merveilleux.

Le 4 août 1831, à midi, le feu du Ciel est tombé sur notre beau et antique clocher, chef-d'œuvre d'architecture.

L'horloge, son carillon, qui faisait entendre l'air de la prose *Inviolata integra*, etc., son timbre pesant 5,000, une boule qui marquait très exactement les phases de la lune, ont été consumés.

Logis Barrault ou Musée

NOTICE. — La bibliothèque et le musée sont réunis dans le Logis Barrault, rue du Musée, ce bâtiment construit par Olivier Barrault, trésorier de Bretagne, maire d'Angers.

Quelques-unes des fenêtres portent déjà des encadrements de la Renaissance. Le logis Barrault fut occupé par des Carmélites vers 1628; en 1695, il devint le grand séminaire; en octobre 1797, il s'ouvrit à l'École centrale, installée d'abord dans l'ancien collège de l'Oratoire. Il a été restauré en 1854.

Le musée comprend : des galeries de peinture et de sculpture, et le musée David.

Il est ouvert tous les jours pour les étrangers, et pour le public le dimanche et le jeudi de chaque semaine, de midi à 4 heures.

Les tableaux sont exposés dans de belles salles au deuxième étage, éclairées par le haut.

L'École centrale d'Angers ayant été créée le 21 mars 1796, les administrateurs du département eurent la pensée de rattacher à cette école tout ce qui pouvait avoir trait aux sciences, aux lettres et aux beaux-arts. La Reveillère-Lépeaux, député de l'Anjou, membre du Directoire, fit accorder, en 1797, un certain nombre de tableaux à la ville d'Angers.

NOTICE. — Le musée David a été inauguré le 17 novembre 1839, mais il remonte, en fait, bien au delà de cette date, car, dès le 8 octobre 1811, David d'Angers, qui venait de remporter le prix de Rome, offrait à sa ville natale trois de ses œuvres couronnées : *Othryades mourant*, *La Douleur et la Mort d'Epaminondas*.

Le Logis Barrault renferme aussi un muséum d'histoire naturelle.

Ruines Toussaint

NOTICE — La fondation de Toussaint date de 1028. Les premières constructions sont dues à Girard, chantre et chanoine de l'Église-Cathédrale d'Angers; elles ont été mises, en partie, à découvert en l'année 1845. Elles consistent dans les bases de deux absidiales semi-circulaires. L'église de Girard

était fort petite, et son plan affectait une forme de trident. Elle renfermait un puits dont on voit l'orifice. L'eau du baptême et du Saint-Sacrifice s'y puisait.

Toussaint fût primitivement une simple aumônerie, environnée d'un cimetière pour l'inhumation des pauvres et des pèlerins. Le fondateur Girard y trouva naturellement sa sépulture qui fut découverte en 1845.

Vers 1048, cette aumônerie devint un petit monastère bénédictin. Il en fût ainsi jusqu'en 1108, époque où les Bénédictins furent remplacés par des chanoines réguliers de l'ordre de Saint-Augustin.

A l'intérieur, les arbustes et les plantes grimpantes s'enlacent le long des murs bordés de fines colonnettes décapitées ; vis-à-vis la porte de la sacristie s'ouvre le caveau funéraire des anciens hôtes, et au milieu des herbes gisent des statues, des tombeaux, tous les débris que fournissent les destructions et les fouilles et que recueille ici dans une admirable ruine le Musée d'Archéologie.

Les restes de l'église ont été à cette fin cédés à la Ville, sur sa demande, par décision du Ministre de la guerre du 31 juillet 1841.

En suivant la rue Toussaint, le visiteur se trouvera sur la place *Marguerite-d'Anjou*, ayant devant lui le Château et la statue du Roi René.

C'est au château d'Angers, et dans le donjon reproduit ci-dessous, que naquit, le 16 janvier 1408, le roi René, deuxième fils de Louis II, roi de Naples, et d'Yolande d'Aragon. A côté de la maison où il reçut le jour, sa mère fit élever cette jolie chapelle que l'on remarque encore aujourd'hui.

CHAPELLE & DONJON DU CHATEAU

Le château d'Angers est bâti sur une roche de schiste ardoisier, très escarpée du côté de la Maine, dont les flots devaient autrefois battre la base. Il est flanqué, au Nord, à l'Est et au Midi, de dix-sept grosses tours, dont la plus haute s'appelle la tour du Nord. A cet endroit, s'ouvre un fossé profond d'abord de onze ou douze mètres et large de trente au moins, qui s'achève au niveau du sol, au pied de la treizième tour, en descendant le boulevard du Château. On croit que cette citadelle fut commencée sous Philippe-Auguste et achevée par Louis IX ; elle remonterait donc tout au plus à la fin du XIIe siècle.

Aujourd'hui, le Château est devenu la poudrière et l'arsenal de la garnison d'Angers, c'est également dans l'intérieur que réside le génie militaire de la place.

Vue du Château (d'après photographie de M. Seureau)

Au Salon du Cycle

On lit dans le *Patriote* :

La ville cycliste par excellence, Angers, ne pouvait demeurer étrangère à la grande manifestation industrielle et commerciale qui tient ses assises dans le palais du Champ-de-Mars, et nous nous plaisons à reconnaître que c'est un de nos confrères, M. Mouillien, directeur des *Echos de l'Anjou* et du journal *L'Exposition*, qui a pris l'initiative heureuse du Salon du Cycle où se traduisent les derniers perfectionnements de la construction cycliste française.

Dans ce Salon, l'attention est vite captivée par la remarquable exposition de deux constructeurs angevins, MM. Malinge et Laulan, de la rue Paul-Bert. On est là en présence de machines d'une réelle élégance et d'une irréprochable perfection au point de vue mécanique dans une variété très grande.

MM. Malinge et Laulan n'ont point voulu concentrer leurs efforts sur une machine spéciale et réunir leur système de fabrication sur un seul mode ils ont, on peut bien le dire, abordé tous les genres et tous les prix avec un égal succès.

Un extrait de leur catalogue vient, du reste, à l'apui de ce que nous avançons. Qu'on en juge :

BICYCLETTE L'« UNIVERSELLE », grand cadre, à gros tubes, caoutchouc pneumatiques, frein, garde-boue, pédalier étroit, rayons tangents, etc. **275** fr.

Le même modèle, caoutchouc creux . . . . **250** fr.

BICYCLETTE « POPULAIRE », même détail que ci-dessus, pneumatiques. . . . . **300** fr.

Le même modèle, caoutchouc creux . . . . **275** fr.

BICYCLETTE N° 1, routière, grand cadre, à gros tubes, caoutchoucs pneumatiques, pédalier véritable type Humber, rayons tangents renforcés, frein et garde-boue détachables, etc., etc. . . **375** fr.

BICYCLETTE SPÉCIALE, modèle de luxe, pédalier très étroit. caoutchoucs pneumatiques, gros tubes d'acier et frottements en acier d'Autriche, qualité extra dure et tenace, rayons tangents renforcés en fil spéciale incassable et ne s'allongeant jamais, pignon et manivelle conjugués ensemble et détachables, frein mobile articulé à patin caoutchouc, garde boue dernière nouveauté . . . . **500** fr.

BICYCLETTE SPÉCIALE pour course sur route ou sur piste, même détail que celle ci-dessus, mais sans garde-boue et sans frein. **450** fr.

Il est à noter encore que le prix de ces bicyclettes, qui nous semblent être appelées à brève échéance à un succès considérable, sont absolument nets et sans aucune majoration pour les extras et que toutes les machines Malinge et Laulan, ainsi que leurs pneumatiques, sont garantis.

Honneur donc aux intelligents constructeurs, qui ajoutent si éloquemment à la réputation cycliste de notre ville et dont les noms seront bientôt connus de la France entière.

Vue de la Manufacture Malinge et Laulan

De là le visiteur pourra se rendre à l'église Saint-Laud, reconstruite de 1872 à 1881 dans le *style roman poitevin*; à l'Esvière où existe une magnifique chapelle.

Ici nous avons à peu près terminé la nomenclature des choses intéressantes faisant partie de la ville d'Angers; cependant nous signalerons encore et pour mémoire, le jardin d'arboriculture boulevard du roi René, les casernes de l'Académie auprès du château, de la Visitation auprès de la gare Saint-Laud, celle du régiment de cavalerie avenue de Contades et enfin celle du 6e génie presque à l'extrémité de la rue Eblé.

De l'Esvière le visiteur descendra la rue de la Blancheraie et suivra les prairies de la Basse-Chaîne, jusqu'à la Baumette.

VUE DE LA BAUMETTE

Les restes que l'on remarque sur ce rocher sont ceux d'un ancien monastère qui fut occupé par les Cordeliers et les *Récollets* et dont la création remonte à 1456. Sur ce rocher, très pittoresque, a été construit en 1870, une tour octogone à trois étages qui sert d'observatoire.

Aux environs de la Baumette existent le Camp de César, Frémur, Empiré et, à 4 kil. environ, au fond d'une charmante vallée le parc créé par les pontonniers sur la Loire.

En remontant la rive droite de la Loire on arrive au *Port Thibault*, très joli petit village où les Angevins se rendent en masse chaque dimanche manger la friture sous de coquets chalets recouverts de chèvre-feuille, de jasmin, de clématites, etc.

A un kilomètre de Port-Thibault, toujours en remontant la rive droite du fleuve, se trouve l'*Asile départemental des aliénés* (Sainte-Gemmes-sur-Loire).

En suivant la levée, le visiteur passera le canal de l'Authion et arrivera aux Ponts-de-Cé.

Pour retracer l'histoire de cette petite ville, assise pour ainsi dire sur la Loire, un volume de la grosseur de ce guide ne serait pas de trop et nous nous bornerons donc à dire que l'on y remarque une rue de quatre kilomètres de long coupée par cinq ponts en pierres. Sur le principal a été élevé la statue de *Dumnacus* en 1887. Entre les deux ponts principaux se trouve le Château dont voici une jolie reproduction.

CHATEAU DES PONTS-DE-CÉ

NOTICE : Ce château, dont il ne reste plus aujourd'hui qu'une haute tour pentagonale, a été reconstruit en 1206 par le sénéchal Guill des Roches, occupé dans la même année par Jean-sans-Terre et rasé par Philippe Auguste. Il fut relevé aussitôt. Louis IX, Louis XIII et Henri IV firent séjour.

Au delà des *Ponts-de-Cé*, à deux kilomètres environ du grand pont, s'offre aux regards des visiteurs un panorama splendide. A gauche, sur un rocher escarpé existe un joli château moderne; à droite se dresse une masse noire, surplombant le Louet, c'est la *Roche de Mur*. En 1889, les républicains de l'Anjou y élevèrent un monument à la mémoire de nombreux patriotes, morts dans un combat contre les Vendéens.

A douze kilomètres sur la route départementale d'Angers à Niort se trouve la jolie petite ville de Brissac où l'on remarque ce superbe Château.

CHATEAU DE BRISSAC

De Brissac à Trèves-Cunault, il n'y a guère qu'une vingtaine de kilomètres et encore en sillonnant l'un des plus beaux paysages de l'Anjou.

Dans ce bourg, deux curiosités attirent les visiteurs : l'Eglise et la Tour que nous avons réunies dans la vue ci-après.

Trèves-Cunault

Le visiteur quittera alors la rive gauche de la Loire, où il se trouve pour visiter les jolies bourgs des Rosiers, Saint-Mathurin, la Daguenière et les carrières de Trelazé.

Nous montrons ainsi qu'une bien faible partie de ces importants ateliers, mais notre gravure ci-contre, donne une idée beaucoup

plus grande de l'intérêt qu'il y a pour tous à visiter les carrières des environs d'Angers.

Carrières de Trelazé

Pressé par les nombreux commerçants qui nous ont honoré de leur confiance, en nous confiant leur publicité, et par les évènements : visite du Ministre, clôture du Concours régional, etc., etc., nous terminons ce livre à la hâte pour satisfaire nos amis, mais nous tenons, avant de clore ce Guide, à les inviter à faire des excursions à Epinard, à Ecouflant, Briollay, Montreuil, le Lion-d'Angers, pays charmants assis sur la Mayenne ou sur la Sarthe, et que l'on peut visiter en bateau à vapeur ou par chemin de fer.

Lorsque le visiteur aura parcouru tous ces coquets paysages, il lui restera à descendre la Maine jusqu'à Bouchemaine, au confluent de la Loire, par bateau à vapeur.

Là, le touriste pourra se rendre, en suivant la rive droite de la Loire, aux Forges, à Béhuard et à Rochefort-sur-Loire. Entre la Pointe et les Forges, il remarquera la *pierre Bécherelle*.

Dans l'île de Béhuard, il existe une église des plus remarquables entre toutes.

Savennières, la Possonnière, Chalonnes, Montjean, Saint-Florent, sont autant de localités intéressantes à visiter et que nous recommandons.

De là, le visiteur pourra se rendre dans le Choletais, puis à Clisson, sur la limite du département, où il pourra prendre l'express qui l'emmènera aux Sables-d'Olonnes, où de nouvelles récréations lui seront offertes en même temps que des bains réparateurs feront disparaître les fatigues de ses excursions.

Une *deuxième édition* de **notre Guide**, sera mise en vente le 9 juin prochain. Elle sera revue, corrigée et augmentée considérablement sans élévation de prix.

M. Eneryh.

Liste des Exposants

PREMIER GROUPE

Éducation - Enseignement - Arts Libéraux

MARGUENAUX, Henri. MONTLUÇON. Tableaux corporatifs, économie sociale.

CAISSE DE RETRAITES ET DE SECOURS DES EMPLOYÉS DE LA LIBRAIRIE A. LE VASSEUR et Cie, PARIS. Tableau de statistique.

PINAULT, Gabriel, luthier, ANGERS Harmoniums.

GERVEX, Félix, fabrique de pianos, 23, rue des Poissonniers, PARIS. Pianos.

THILLIER, Henri, photographe, ANGERS. Cadres avec photographies.

ECOLE INDUSTRIELLE de SAUMUR. Dessins, travaux en bois, fer, plâtre.

A. BURDIN et Cie, ANGERS. Impression spéciale d'ouvrages scientifiques.

MUSSEAULT, FONTEVRAULT. Etudes sur les questions sociales (manuscrit).

GUÉNEUX frères, NANTES. Epreuves de travaux de lithographie, gravures, etc.

DE MAZIBOURG CARLE, PARIS. Epreuves de photographies.

COLLÈGE DE JEUNES FILLES de SAUMUR. Travaux à l'aiguille.

GIRARD, Charles, ANGERS. Livres reliés.

LEYET ANGERS. Appareils et instruments de chirurgie, de médecine, etc.

SOCIÉTÉ ÉCONOMIQUE D'ALIMENTATION de CHOISY-LE-ROI. Tableaux graphiques.

LUTTIN-SAULNIER, ANGERS. Travaux photographiques.

FRIPIER, Georges, VILLERS-CHARLEMAGNE (Mayenne). Plan géologique en relief.

ASSOCIATION DES ANCIENS ÉLÈVES de l'Ecole du PRÉ-LE-MANS. Statuts historiques.

DREUX, Alfred, ANGERS. Pince-nez, lunettes, optique.

PICOT, J., PARIS. Lessive-Phénix (hygiène).

GABORY, architecte, NANTES, Châssis représentant des constructions.

FÉRET, Alfred, PARIS. Tables scolaires.

ÉPICERIE COOPÉRATIVE de Tours. Statuts, livrets, cartes géographiques.
ASSOCIATION DES EMPLOYÉS DE LA VILLE, Angers. Graphiques, tableaux financiers.
VERCHALY, Angers. Articles d'optiques photographiques.
GERMAIN et GRASSIN, Angers. Librairie.
DU BREIL DE PONTBRIAND, Candé. Photographies.
ANDRÉ, Louis, Angers. Un confessionnal, cuve baptismale marbre.
ARNAUD, B., Lyon. Imprimés pour le commerce.
BOUVET, J., Angers. Prothèse dentaire.
CHIRON, Angers. Parquets mosaïques.
CESBRON, La Flèche. Papiers.
FOULONNEAU et CHOUTEAU, Angers. Autel d'église.
ROUAULT, Angers. Toile peinte.
BELHOMMÉ, Angers. Décorations religieuses.
GEORGES, Angers. Librairie religieuse.
DAOULAS, Nantes. Un autel.
VEAU, A., Angers. Cheminée marbre.
CORBEL-CAUDAL, Nantes. Papier.
ROBERT, M., Lyon. Instruments d'optique.
GYOUX, Bordeaux. Hygiène de la famille.
BOUSREZ, Tours. Ouvrages illustrés.
Vte DE VILLEBRESNE, Nissey-Saint-Briac. Appareils et instruments.
LELIÈVRE, Paris. Enseignes, décoration.
CERTAIN, Angers. Orthopédie, chirurgie.
PIÉRACCINI, Tours. Statuettes.
LACHÈSE et Cie, Angers. Impressions typographiques.
CHAUVEAU-DIXNEUF, Cholet. Bandages herniaires.
PÉQUIGNOT, Nantes. Menus artistiques.
RIVIÈRE, Nantes. Croix granit poli.
LEBRETON, Fontaine-Guérin. Collection de fossiles, haches celtiques.
BREGEON, Hirel (Ille-et-Vilaine). Musée collection de gravures.
GUÉRINEAU, Pouzauges. Monographie, traité d'hygiène.
PLACÉ, Laval. Dessins terre cuite.
CHEVALLEAU, La Fosse. Peintures, aquarelles.
ÉCOLE NORMALE D'INSTITUTEURS, Angers. Collections, plans.
Vve FOUINEAU, Écommoy. Tricot, marque et couture.
VOLLAND, J., Pouancé. Douze modelages terre argileuse.
MORANCÉ et DESCOTTES, Angers. Appareil pour l'enseignement du système métrique.
OGER, Angers. Sculpture sur bois.
Mme LEMERLE, Cholet. Quatre mouchoirs brodés, taie d'oreiller.
ÉCOLE DE MÉDECINE, Angers. Photographies.
SOCIÉTÉ DES DAMES ET DEMOISELLES, Angers. Statuts, tableaux.
FLAMENT, Douai (Nord). Calligraphie et cours d'écriture.

UNIVERSITÉ CATHOLIQUE DE L'OUEST, ANGERS. Ouvrages publiés par les professeurs et les étudiants.
ECOLE RÉGIONALE DES BEAUX-ARTS, ANGERS. Dessins.
DAVID DE PENANRUM, PARIS. Un livre in-octavo intitulé : Les « Architectes-Élèves de l'École des Beaux-Arts ».
COMICE AGRICOLE du canton de SAINT-GEORGES. Statuts, résultats.
SYNDICAT DES SOCIÉTÉS DE SECOURS MUTUELS, ANGERS. Tableaux, rapports.
REDANT, architecte, PARIS. Plans, dessins de parcs, jardins.
VICOMTE DU BOURBLANC, ANGERS. Canon porte-amarre.
LES PRÉVOYANTS DE L'AVENIR, ANGERS. Statuts.
UNION GÉNÉRALE DES SOCIÉTÉS DE SECOURS, ANGERS. Comptes-rendus.
SYNDICAT SAINT-ELOI, LAVAL. Règlements, livrets, comptes-rendus.
A. BORD et Cie, PARIS. Pianos à queue, pianos droits.
LUSON, ANGERS. Dessins de logements à bon marché.
DUBUT, ANGERS. Photographies, appareils.
LEROUX, Ernest, PARIS. Travaux de science, de linguistiques.
SYNDICAT DES INDUSTRIES TEXTILES, ANGERS. Statuts, règlement, etc.
ROULLIÈRE, ANGERS. Imprimerie, papeterie,
CAISSE DE PRÊTS ET D'EPARGNE des ouvriers et employés des Chemins de fer de l'Etat et d'Orléans dépendants des gares de Tours et de Saint-Pierre-des-Corps, TOURS. Tableaux, livrets, carnets, etc.
SOCIÉTÉ DES ANCIENS MILITAIRES, ANGERS. Tableaux, statuts.
OBSERVATOIRE MÉTÉOROLOGIQUE, ANGERS. Instruments enregistreurs.
RAFFET, architecte, TOURS. Un album de compositions.
CASTEL, Yves, ANGERS, Un manuscrit.
ORPHELINAT MUNICIPAL. Tableaux, documents.
SOCIÉTÉ DES FOURNEAUX DES ECOLES, ANGERS. Tableaux, documents.
BLONDEL, Alphonse, PARIS. Pianos droits.
HAMONET, ANGERS. Travaux et prothèse dentaire.
GOBLOT, ANGERS. Cahiers et cadres dessins.
BERTELLI, ANGERS. Staffs pour travaux d'architecture.
DE ROCHEMAURE, ANGERS. Classeurs.
CAISSE DE RÉASSURANCE D'INDRE-ET-LOIRE, TOURS. Tableaux.
GUITTER, LA FLÈCHE. Cheminée en marbre.
SOCIÉTÉ DE SECOURS MUTUELS DES OUVRIERS CHARPENTIERS, PLATRIERS ET COUVREURS, ANGERS. Tableaux.
SOCIÉTÉ DE SECOURS MUTUELS DE BEAUCOUZÉ. Rapports, Statuts.
« LA PATERNELLE », ANGERS. Rapport sur la marche de la Société.

SOCIÉTÉ INDUSTRIELLE ET AGRICOLE, ANGERS. L'œuvre de la Société.

SOCIÉTÉ « LA FRANCE PRÉVOYANTE », ANGERS. Tableaux, Statuts.

GUÉRIN ET Cie, PARIS. Méthodes d'enseignement, ouvrages classiques, livres, tableaux, cartes, etc.

SOCIÉTÉ « L'AVENIR ET LA FIDÉLITÉ », ANGERS. Tableau des Statuts.

SYNDICAT DES SOCIÉTÉS DE SECOURS MUTUELS D'INDRE-ET-LOIRE, TOURS. Tableaux, Livrets, Statuts.

DISPENSAIRE DES SOCIÉTÉS DE SECOURS MUTUELS, ANGERS. Statuts.

HENRI LEFIÈVRE, CLERMONT-FERRAND. Photographies.

SOCIÉTÉ DE SECOURS MUTUELS DE PARTHENAY. Un rapport manuscrit, un tableau.

MILON, Stéphane, SAUMUR. Librairie.

GROLLEAU ET Cie, ANGERS. Pianos, lutherie, instruments de musique.

LE CERCLE DE L'UNION, LA POSSONNIÈRE. Plans, vues, statuts, etc.

SOCIÉTÉ « LA PRÉVOYANTE », THOUARS. Statuts.

LAISIS, CHATEAUNEUF-SUR-SARTHE. Deux volumes concernant Châteauneuf.

SOCIÉTÉ DES ARCHITECTES DE L'ANJOU, ANGERS. Statuts, annuaires, tableaux.

DEUXIÈME GROUPE

MOBILIER & ACCESSOIRES

Galerie G (côté du Jardin du Mail)

LESSEYEUX-SIMON, ANGERS. Meubles.

GUIMONT-BROSSARD, ANGERS. Meubles.

VESSIÈRE aîné, BACCARAT. Cristaux, verrerie.

Ph. de SAINT-MARTIN, ANGERS. Cadres, glaces, statues.

STURM, Charles, ANGERS. Gravure artistique sur cristaux.

GOURDIN père et fils, MAYET (Sarthe). Horloges, carillon.

BOUVIER, ANGERS. Appareils de chauffage, d'éclairage.

CHANLOUINEAU, MONDAIN, VOLLERIT et LE GUENNEC, ANGERS. Ameublement.

BOZZO, ANGERS. Orfèvrerie.

ANDRÉ, ANGERS. Meubles divers.

ARNAULT, CHOLET. Ameublement.

MOUTIER, ANGERS. Décors de théâtre.

BLOT et BONNEAU, ANGERS. Tableau avec cadre, en fer forgé.
MAUGRAIN, ANGERS. Fourneaux, baignoires.
EMERY, ANGERS. Grande bibliothèque, meubles divers.
THARRAULT, ANGERS. Articles de chauffage.
FOULONNEAU et CHOUTEAU, ANGERS. Autel d'église doré en bois, (Louis XIV).
DONDEAU et Cie, ANGERS. Robinetterie, chaudronnerie.
DOLBEAU, Julien, ANGERS. Une cage en zinc et en fil de fer.
ALBAN, ANGERS. Un chauffage de serre en cuivre.
LE CHEVALLIER, BREST. Coutellerie.
BOULEAU, MAYENNE. Ameublement.
TALINEAU, ANGERS. Un chauffage de serre.
BELHOMME, ANGERS. Décoration religieuse en papier.
COUBÉ et Cie, PARIS. Revêtements artistiques en zinc.
FOURNEAU, AMBRIÈRES (Mayenne). Brosses en tous genres.
SAUMATHÉ et Cie. Meubles.
AMIRAULT, PARTHENAY. Faïences d'art décoratif.
BOURDELOIS, ANGERS. Meubles, sièges, tentures, bibelots.
GUITTON, TRÉMENTINES. Poteries d'art.
LACOMBE, PARIS. Bijouterie, cristaux.
MARQUET, RAIRIES. Poterie brute et vernie.
LARMANJAT-GRAJON, JUVISY-SUR-ORGE (Seine-et-Oise). Carreaux en mosaïque de marbre.
Veuve C. JUSSEAUME, NANTES. Fourneaux économiques, etc.
DAOULAS, NANTES. Un autel en chêne (XVe siècle).
LHERMITTE, NANTES. Meubles, coffres-forts pour salons.
BALON, BLOIS. Objets de céramique d'art.
DUBOIS, MALICORNE. Grès, cérames, poteries.
RIVRON, LION-D'ANGERS. Table marquetterie.
GANDON, ANGERS. Autel, cheminées en marbre.
LEMONNIER, ANGERS. Vannerie.
MAURAT, MAULÉVRIER. Poteries.
MOIRIN, ANGERS. Différents appareils (système Moirin).
V. RAVAULT, SAINT-BRICE. Poteries.
GALLARD, SAINT-QUENTIN. Bibliothèque.
NEVEU frères, POUILLY-SUR-LOIRE. Moulures en bois.
ROZÉ, ANGERS. Faïences artistiques, cristaux divers.
GEORGES, Eugène, ANGERS. Objets d'art, librairie religieuse.
FRENZER, SAUMUR. Meubles.
EPAGNEUL, ANGERS. Chauffage, appareils à eau, salle de bains.
DEFRANCE et Cie, PONT-SAINT-MAXENCE (Oise). Carrelages et pavages céramiques.
MAILLARD-FILOLEAU, ANGERS. Fauteuils, chaises, écrans.
ANGEBAULT, BOURGNEUF. Deux candélabres forgés.
GUILLEUX Ernest, ANGERS. Meubles.

DELÉPINE Auguste, ANGERS. Meubles.
LEMANCEAU Abel, ANGERS. Coffres-forts, coffrets
Vve ARBELLO-LOUTREL, ANGERS. Coutellerie, objets d'art.
LECHEVALIER Alexandre, CABOURG (Calvados). Bijouterie normande coquillages, faïences.
GUILLEUX Raphaël, ANGERS. Travaux de tournage pour ameublements
ROUSSELOT Louis, DREUX. Gravure sur cristaux.
MASSON-LORAIN, ANGERS. Bronzes et objets d'arts.
DARTHIAIL Julien, PARIS. Parfumerie, savonnerie.
L. GAUTIER, ANGERS. Papiers peints, panneaux de tapisserie.
MAEGERLIN, ANGERS. Coiffures et postiches.
DUBREUIL, ANGERS. Fauteuils, pliants, chaises.
POUPLARD, MALICORNE. Faïence commune et fantaisie.
LEBLEU, ANGERS. Landiers en fer forgé (17e siècle) intérieur cheminée
CODIGA, ANGERS. Cheminée, fourneaux, calorifères.
PREZELIN, ANGERS. Meubles, sièges tentures.
HUGUET, ASSERAC. Brosserie.
NORMANDIN, ANGERS. Parfumerie.
LATHOUD aîné, PARIS. Maroquinerie, Tabletterie.
PANNIER Emilie, SAUMUR. 2 tableaux tapisseries, l'Angelus et les Glaneuses.
SOCIÉTÉ ANONYME DES PRODUITS RÉFRACTAIRES DE CINQ-MARS-LA-PILE. Carrelages, céramiques.
TRAINEAU, PARIS. Ebénisterie, support gothique.
LE PEUTREC et FILS, MELRAND (Morbihan). Meubles bretons.
LECLERC, FONTENEAU et Cie, PARIS. Appareils de chauffage, cuisine et bains.
CORDELIER, PARIS. Produits céramiques, panneaux.
FAIVRE, ANGERS. Bronzes d'éclairage d'art et d'ameublement.
BOULENGER et Cie, Choisy-le-Roi, revêtements artistiques.
CORMIER, VIHIERS. Horlogerie.
PIAU, VIHIERS. Exécution de montres.
SOCIÉTÉ ANONYME DES CARRELAGES DE PARAY-LE-MONIAL. revêtements, carrelages, céramiques.
MONNIER, CHATEAUGONTIER. Serrurerie d'art.
Vve ROUSSEAU, ANGERS. Fleurs d'église, plantes d'appartements.

TROISIÈME GROUPE

TISSUS, VÊTEMENTS & ACCESSOIRES

Galerie F (côté du Boulevard du Palais)

OLBERTZ, Angers. Fourrures, pelleteries.
BELLANGER, Angers. Corsets.
A. TIROT et PAYNEAU, La Ferté-Macé. Coutils, cotonnades.
LEROY, Angers. Articles de voyage.
VROLIX'S-LAMBERT, Angers. Chapeaux de paille et travail en paille.
UNION ANGEVINE, Le May-sur-Evre. Chaussures.
LAURENCEAU et Cie, Angers. Assortiment de vêtements, chemises.
RIBERT, Angers. Chaussures.
FORESTIER frères et A. GOUIN, Angers. Coutils, coton, grisettes, etc.
GALODÉ, Angers. Chaussures.
PAPAVOINE, Elbeuf. Flanelles irrétrécissables.
MAX-RICHARD, SEGRIS, BORDEAU et Cie, Angers. Fils, ficelles, cordes, cordages, toiles.
THERRIN, Angers. Chemises pour hommes.
CAMBART, Philippeville. Broderie mécanique.
Mme BERNHARDT, Baccarat. Broderie artistique.
PINGUET, Angers. Chaussures sur mesure.
CHALLOUINEAU, MONDAIN, VOLLERIT et LE GUENNEC, Angers. Confections pour hommes et pour dames.
COUTOLLEAU, Angers. Armes et accessoires.
BESSONNEAU, Angers. Ficelles, cordes et cordages.
LEPELTIER, Brissac. Un costume pour homme, un pour dame.
Mme LESAUT, Angers. Tablette de cheminée broderie soie, coussin de satin, broderie soie plumetis.
GOURÇAUD, Angers. Chaussures.
P. MARY-BOUYER, Tours. Chaussures.
MICHOUX, Angers. Armes et accessoires, articles de chasse.
BLANCHET, Argenton-Chateau. Tiges de chaussures.
ORAIN, Angers. Couronnes, croix, bouquets de perles.
CARBONNEAUX, Paris. Bimbelotterie, articles de Paris.
Vve BETEILLE, Angers. Tissus, costumes, confections.
SILARD, Doué-la-Fontaine. Chaussures
Mlle LEROY, Angers. Broderies et dessins.
BOULLEAU, Pamproux. Etoffes pour pantalons et vêtements.
Mme DEVANLAY, Angers. Objets artistiques, chinois et japonais.
Mme BORDILLON, Angers. Chapeaux de dames.
CHOYER, Angers. Mouchoirs, confections.

QUATRIÈME GROUPE

INDUSTRIE EXTRACTIVE

PRODUITS BRUTS & OUVRÉS

Galerie K (côté du Jardin du Mail)

COMPAGNIE GÉNÉRALE DES ASPHALTES DE FRANCE, PARIS. Divers modèles.
CLÉMENT, Jean, SAUMUR. Articles de pêche.
LETARD, SABLES-D'OLONNE. Elixir marin iodé.
LE CHEVALIER, CABOURG. Colle forte, liquide, savons.
BELLANGER, Louise. ANGERS. Produits chimiques pour apprêt du linge
LEVASSEUR, Eugène, PARIS. Produits chimiques.
GROSSERON, NANTES. Produits pharmaceutiques.
LEBOUIS, LUGENAY-LES-AIX (Nièvre). Sauve-volailles.
GRIMAULT, ANGERS. Produits pharmaceutiques.
SAVIN, LA CAILLÈRE (Vendée). Spécialités pharmaceutiques.
AURIAU, ANGERS. Lessive magique.
GEORGIN, ANGERS. Articles de pêche.
THOMAS, BÉCON. Monument de granit.
Cie de BLANZY, ANGERS. Massif décoratif en briquettes.
LE CHEVALLIER, BREST. Colle, ciment.
JOUVANCE, ANGERS. Produits et spécialités pharmaceutiques.
ROCHE frères, CHALLES (Sarthe). Cheval corroyé, cuir lissé.
SOCIÉTÉ DE GRÈS de BRETEUIL (Eure). Tuyaux en grès, éviers, lavabos, baignoires, appareils sanitaires.
CIMENTS de BEFFES (Cher). Ciments, chaux hydrauliques.
E. THIBAULT et OLIVE, NANTES. Produits pharmaceutiques.
MAUSSE, A., BOURGES. Produis chimiques, vernis.
CHAUVEAU-DIXNEUF et L. BOUYER, LA SÉGUINIÈRE. Produits pharmaceutiques vétérinaires.
DUFFAU, Jean, LA LUQUE (Landes). Pin des Landes.
YVON, ANGERS. Monuments funèbres, fontaine monumentale.
PROST, GIVORS (Rhône). Cornues à gaz, à sulfure de carbone, etc.
BRARD, ANGERS. Produits chimiques et pharmaceutiques.
PLICHON, CLICHY-LA-GARENNE. Fibres de bois.
SOCIÉTÉ DE LA COMMISSION DES ARDOISIÈRES d'ANGERS. Ardoises, appliques diverses, câbles.
SOCIÉTÉ DES CARRIÈRES DU POITOU, POITIERS. Pierres calcaires.
PRETCEILLE et JOUAN, NANTES. Produits chimiques.
JACZINSKI, NANTES. Produits pharmaceutiques.
LALLEMAND, ANGERS. Produits tinctoriaux, chimiques, etc.

SOCIÉTÉ ANONYME DES SAVONNIERES PRESETTE, Nantes. Savons.
A. FOUCHÉ et A. COURAULT, Angers. Produits chimiques
SOCIÉTÉ GÉNÉRALE D'EAUX MINÉRALES du bassin de Vichy. Eaux minérales, purgatives, pastilles, sels
P. JUSTEAU, Angers. Graisses pour l'industrie.
LEFEBVRE, Montivilliers (Seine-Inférieure). Produits pharmaceutiques.
MARTINEAU, Etampes. Produits pharmaceutiques.
LAFFAY et LEBAS, Angers. Produits chimiques.
PONT-OLLION NICOLLET, Grenoble. Ciments, mosaïques, marbres.
LORIN, Angers. Chaux, pierre pour mosaïque.
COURANT, Tigné. Produits pharmaceutiques.
DESCHAMPS frères, Tours. Cuirs et peaux.
PELTIER, Angers. Bouchons et articles en liège.
COMPAGNIE FERMIÈRE de Vichy. Eaux minérales.
TURON et fils, Tours. Liège, bouchons.
LOUET, Saumur. Filets de pêche.
FOURS A CHAUX de Doué-la-Fontaine. Chaux, cendres.
ETABLISSEMENT de Saint-Galmier. Eau minérale.
GUERRIER père et fils, Saint-Yorre. Eau minérale.
GIRON, Angers. Produits chimiques.
LE CONIAT, Issy-le-et-Moulineaux. Produits chimiques et pharmaceutiques.
CHUPIN, Andrezé. Elixir pour cheveux.
DELANOE, Fougères. Produit pharmaceutique.
LEARD, Thouars. Produit chimique.
LORIN et GIRAUD, Doulaincourt. Palans, treuils, crics, chaînes.
THUAU et FILS, Rennes. Fontes moulées.
ALLARD, Plessis-Grammoire. Différents outils.
MUSSEAU, Angers. Essieux et accessoires.
CHEVALIER et BABIN, Angers. Monuments funéraires.
SIMON, Laval. Marteaux à rhabiller les meules.
COLAS, Bienville. Essieux et accessoires.
BURON FRÈRES, Laval. Outils divers.
BEAUVILLAIN, Saint-Philbert-du-Peuple. Outils divers.
DIEN, Parcay-sur-Vienne. Chaux.
COMPAGNIE GÉNÉRALE D'EAUX MINÉRALES ET DE BAINS DE MER, Paris. Eaux minérales.
RONDEAU, Angers. Bois et ses produits.
COULON, Saint-Brieuc. Briques et tuiles.
COMPAGNIE DU GAZ d'Angers. Appareils à gaz.
CUNAUD, La Rochelle. Solution Cunaud.
DENOUS, Bécon. Taillanderie.
MESNET et ROUSSEAU, Thouars. Produit vétérinaire contre l'ostéoclastie.

SOCIÉTÉ ANONYME DES FORGES ET FONDERIES DE MONTATAIRE. Aciers en lingots, fontes, fers.
GALNIER-LANGEAIS. Produits réfractaires.
ROUX, Clisson. Flacons de topiques.
DELAFOLLIE BASTIDE, Paris. Appareils à gaz.
ODIAU, Cheffes. Produits pharmaceutiques.
BARRIELLE, Paris. Encres, plumes, fournitures de bureaux.

CINQUIÈME GROUPE

Outillage et Procédés des Industries mécaniques

DUREAU, Angers. Un coupé trois-quarts.
HEGU, Angers. Appareils de distillation, chaudronnerie, etc.
ROUAULT, Angers. Toile peinte avec inscription.
REMÈRE, Angers. Appareils de fours, ustensiles de boulangerie.
BOUILLIER, Paris. Outillage pour la fabrication de la chaussure.
PUCELLE, Saumur. Deux appareils accouplés dans un réfrigérant.
SIMON, Laval. Marteau à rhabiller les meules, etc.
J. MALDANT, DUPOY et Cie. Compteurs à gaz, rampes, tubes, etc.
HULL, Angers. Vitrine de fers bruts.
MENARD, Nantes. Moteur à pétrole.
PANCHER, Le Mans. Colliers pour chevaux.
BOURGNEUF, Angers. Caisses de voitures.
COLAS, Bienville (Haute-Marne). Essieux, boîtes de roues.
DUMAY, Emile, Paris. Pétrins et bannetons métalliques.
DESCOTTES et CHOUANET, Angers. Système de défense des toitures contre l'incendie.
HAMELIN, Angers. Appareils électriques.
DUCHESNE, Angers. Un canot-yole, avec moteur a pétrole, un canot à voile.
LORIOUX-PERIER, Angers. Appareils à eau de seltz, fontaine à filtrer
CHANLOUINEAU, Tours. Sacs en papier, timbrage des sacs.
FRANCO, Chateaubriant. Engrenages, poulies, volants.
FONTAINE-SOUVERAIN, Dijon, Echelles à coulisses en fer.
BURON frères, Laval, Taillanderie.
BERNIN, Tours. Voitures.
GOULU, Angers. Voitures.
CESBRON, Angers, Un élimineur, deux cylindres, un moteur, etc.
JAFFRÉ, Angers. Sellerie, harnais, objets de sellerie,
BEAUVILLAIN, Saint-Philbert-du-Peuple. Outillage
LACROIX, Angers. Collier à tirage mobile.

NUSBAUM, ANGERS, Un cadre de limes.
CHAUFTON, ANGERS. Pompe à distribution variable.
DEFAYS, ANGERS. Travaux en ciments.
DE FARCY et Cie, ANGERS. Moteurs à gaz et à pétrole, voiture automobile.
TREMBLAIS, CHATEAUBRIANT. Voitures.
MOIRIN, ANGERS. Appareils de sauvetage en cas d'incendie.
WILLIAM BRITTON, ANGERS. Peignes pour filatures, cadres, etc.
BONVOUS, ANGERS. Ardoises, zinc, dôme, campanile, etc.
LE CHEVALIER, CABOURG. Machines-outils.
ANGEVINUS, ANGERS. Serre à multiplication.
ALLARD, PLESSIS-GRAMMOIRE. Outils divers.
DIARD, ANGERS. Kiosque, stores, bois découpés.
LECOMTE, PONTS-DE-CÉ. Une charrette anglaise, une carriole, etc
SAUVETEURS ANGEVINS. Engins de sauvetage, mousqueton, porte-amarre.
VESSIÈRE, BACARAT. Nouvelle machine électrique pour graver.
LAGOGUÉ, ALENÇON. Voitures.
CAILLOT, ANGERS. Harnachements.
LACHARMOISE, TOURS. Appareils à distiller.
BOUVIER, ANGERS. Appareils hydrauliques.
LAIR-DELAY, ANGERS. Deux moteurs.
BOUTREUX, ANGERS. Voitures.
FOUILLEUL, ANGERS. Harnais.
LEMERCIER, ANGERS. Charronnage et forge.
ROCHEREAU, ANGERS. Tour en fer.
ROCHEREAU, ANGERS. Grille, balcon vitré en fer forgé.
BICHET, ANGERS. Voitures.
MONNIER, ANGERS. Pompes.
CHOUTEAU, ANGERS. Voitures.
CHABROL, ANGERS. Appareils de fours pour boulangeries.
CHAUMÈTRE, NANTES. Voitures.
MOLÉ, LAVAL. Machine à scier les métaux.
CAMUS, PARIS. Vélocipèdes.
CORBEL-CAUDAL, CHATELAUDREN (Côtes-du-Nord). Rouleaux et rames de papier.
MAHOT, HAM (Somme). Pétrins, four aérotherme.
MOREAU, ANGERS. Patins pour voiture.
HENRY, ANGERS. Voitures d'enfants.
MUSSEAU, ANEGRS. Essieux et accessoires d'essieux.
CLÉMENT, Pierre, ANGERS. Machines à coudre.
VEAU, ANGERS. Cheminées en marbre.
DUBOIS, LUYNES (Indre-et-Loire). Forge portative, tuyères.
TIERSOT, PARIS. Machines-outils.

BOUVAIS, PARIS. Enseignes artistiques.
MALINGE et LAULAN, ANGERS. Vélocipèdes
BOUTIN FRÈRES, ANGERS. Caisses de voitures.
BACHELIER, ANGERS. Emporte-pièces pour chaussures.
CESBRON, LA FLÈCHE. Rouleaux et rames papier.
COTTEVERTE, ANGERS. Bascules.
BERTON, ANGERS. Diviseur, densitrieurs.
GOHARD, LE MANS. Formes et embauchoirs.
URSEAU, ANGERS. Carrioles et charrette.
SAUVESTRE, ANGERS. Caisses de voitures.
CAMOIN, ANGERS. Harnais sur cheval.
CHANLOUINEAU, TOURS. Sacs papier, timbrage des sacs.
ÉCOLE DES ARTS ET MÉTIERS d'ANGERS. Machines.
THUAU et fils, RENNES. Fontes moulées pour la mécanique.
LATHOUD aîné, PARIS. Machines à graver.
CHAROLLOIS et FOURRIER, PARIS. Matériel téléphonique.
GERMAIN, BOURGUEIL. Charronnage.
GRIVEAUD, NANTES. Machines électriques, moteurs.
EPAGNEUL, ANGERS. Chapelle funèbre, zinc orné.
THIBERGE, ANGERS. Articles de tournage.
BAZILE, ANGERS. Persiennes en fer.
GATEPAILLE, CHOLET. Fers français forgés.
MOREAU, ANCENIS. Maréchalerie.
CORMIER, VIHIERS. Fermeture à rideau mobile.
PAGE, TOURS. Armoiries.
DEPREUX, VIESLEY (Nord). Courroies coton
AIVAS, ANGERS. Plans de lotissement Exposition.
ROMAGNE, TOURS. Bouches de four.
LOUAP, PARIS. Chauffage et ventilation.

SIXIÈME GROUPE

PRODUITS ALIMENTARIES

Galerie K (côté du Mail)

RAGETLY-MENG, SEGRÉ. Liqueurs, eaux-de-vie, apéritifs.
BEGUSSEAU, LA ROCHELLE. Petits pois au beurre.
GIFFARD, ANGERS. Liqueur menthe-pastille.
JULIARD, ANGERS. Pain de gluten.
COINTREAU, ANGERS. Triple-sec; guignolet, menthe.
RAFFINERIES DE CHANTENAY. Sucres raffinés.

LANDAIS, Chantenay-sur-Loire. Conserves alimentaires.
VIDAL-ENGARRAN, Marseille. Graisse alimentaire, marée, huiles, etc.
BISCUITS OLIBET, Bordeaux. Biscuits de luxe.
GIRARD ET Cie, Cognac. Eaux-de-vie.
BARREAUX ET FILS, Languidic (Morbihan). Kirsch.
PELÉ, Angers. Biscuits Saint-Julien.
CALLOT, Pélissier-Mostaganem. Vins, eaux-de-vie de vin, de marc.
RIVAUD, Luçon. Essence de café.
TOUILLET, Taizé (Deux-Sèvres). Beurre et fromages.
CHAUSSÉE-BLOT, Angers. Beurre et fromages.
BLONDEAU, Léon, Saumur. Liqueurs diverses.
COURJARET, Angers, Cafés, rhums, lustrine, etc.
LA BOUILLERIE, Cormières (Sarthe). Vins.
GIFFARD, Murs. Vins.
PIROU, Vimer (Orne), Beurre, fromages.
TESSIER ET BOSSEBOEUF, Tours, Bières.
JAMIN, Angers. Farine hygiénique.
BRULE, Amiens. Moutarde.
WEBEL, Tours. Bières.
WILLIAT fils, Poix-du-Nord (Nord). Chicorée.
MASSIGNON, Saint-Lambert-du-Lattay. Vin blanc.
BRUNO, Philippeville. Vins.
Vve Ch. DÈCLES ET Cie, Rocourt-Saint-Quentin (Aisne). Alcools.
A. COULON ET Cie, Bordeaux. Rhums.
E. RÉMY, MARTIN ET Cie, Rouillac (Charente). Eaux-de-vie.
LEMERCIER frères, Fougerolles (Haute-Saône). Kirsch, absinthe.
DUMAS, Angers. Pain ordinaire, pain de fantaisie, de luxe.
CAMUS, Angers. Pains de toutes sortes, pain sans mie.
PINEAU-SOURICE, Chaudron. Vinaigre, eaux-de-vie de pur vin.
BARRAULT, Saint-Clément-des-Levées. Beurre en mottes, fromages.
PATAULT, Angers. Liqueurs, sirops.
DAVID, Angers. Beurre surfin, beurre de Bretagne.
DE MONTI, Martigné-Briand. Vins en bouteilles.
GUILLON, MARCÉ ET Cie, Nantes. Vins.
BROCHARD, Martigné-Briand. Vins.
LA COMMUNE DE RABLAY. Vins vieux blancs.
DESBOIS, Angers. Papiers dentelles pour hôteliers, confiseurs.
CONGRÉGATION DES FRÈRES SAINT-GABRIEL, Saint-Laurent-sur-Sèvre. Liqueur Saint-Hubert.
ALLAIS, Mesterieux (Gironde). Vin rouge.
DOULAY, Bernay (Eure). Eaux-de-vie de cidre, poiré, cidre.
OGER-BASCHER, Saint-Aubin-de-Luigné. Vins.
MÉNARD, Angers. Eaux-de-vie d'Anjou, vins, liqueurs.
ROBERT WILLIAMS et Cie, Bordeaux. Rhum Willy, Margaux 1890.
MAGNANT, Angoulême. Confiserie.

RENARD et Cie, FONDETTES. Pâtes alimentaires.
LERCHY-CADOSCH, ANGERS. Biscuits, pain d'épices.
BALLANDE, HYÈRES (Var). Vin, eau-de-vie.
GUÉRY, ANGERS. Liqueurs diverses.
Cte DE ROMAIN, LA POSSONNIÈRE. Vins blancs d'Anjou.
BOULAY, SAVENNIÈRES. Vins rouges.
TURQUANT, PARIS. Cartes statistiques de la consommation des liquides.
POTTIER, ALLONNES. Vins blancs et rouges.
MEFFRAY, BEAUFORT-EN-VALLÉE. Vins et eau-de-vie.
BILLARD, LA POSSONNIÈRE. Vin blanc de tête.
URSEAU, SAINT-JEAN-DES-MAUVRETS. Vins, eau-de-vie.
BRIFFAUT-ADET, SAINT-GERMAIN-DU-VAL (Sarthe). Fromages, beurres.
HÉRAULT, ANGERS. Huile de noix.
BORIES, MOSTAGANEM. Vins rouges 1893-1894.
ROGER DE LA BORDE, SEGRÉ. Cidres.
COMICE AGRICOLE DU CANTON DE SAINT-GEORGES-SUR-LOIRE. Vins.
COLLECTIVITÉ DES VINS MOUSSEUX, SAUMUR. Vins mousseux.
SYNDICAT VINICOLE DE HUILLÉ (Maine-et-Loire). Vins d'Huillé.
Vve MORAIN-BUSSON, CHEFFES. Vins blancs et rouges.
COUSCHER DE CHAMPFLEURY, BRÉZÉ Vins de tête.
SOCIÉTÉ ANONYME DES SAVONNERIES SERPETTE, NANTES. Savons.
LEMERCIER frères, FOUGEROLLES. Kirsch et absinthe.
COLLET-ROSSIGNOL, ANGERS. Cidre, poiré, eau-de-vie.
BEAUMONT, ANGERS. Pièces de charcuterie.
FROGER Joseph, ANGERS. Pièces de charcuterie.
FROGER Auguste, ANGERS. Pièces de charcuterie.
D'ALTON frères, CLEFS. Alcools de graines et pommes de terre.
FAJOL, VILLEFRANCHE-DU-PÉRIGORD. Vins, liqueurs.
HERVÉ Pierre, ANDARD. Vins d'Anjou.
BASTARD, FAYE. Vins blancs.
DOMAINE DE LA GAUCHERIE, RESTIGNÉ. Vins rouges.
COLLECTIVITÉ DE LA LOIRE-INFÉRIEURE, NANTES. Vins, vinaigres, apéritifs
VADIS, LE MANS. Eau-de-vie, un amer.
CALLET, ANGERS. Vins blancs.
BLANCHARD père et fils, SAINT-LAMBERT-DU-LATTAY. Vins blancs.
CHEVILLER et JOUBERT, PONTS-DE-CÉ. Farine 1re, 2e qualité.
VANNIER, SAINT-MAUR. Vins d'Anjou.
DE FONTENAILLES, DAMPIERRE. Vins blancs d'Anjou.
MILLIN DE GRANDMAISON, MONTREUIL-BELLAY. Vins blanc et rouge.
BARANGER, ANGERS. Vins fins, Malaga, apéritifs.
COMMUNE DE VAUCHRÉTIEN, VAUCHRÉTIEN. Vins.
AUDRAIN, NANTES. Mokaïna des îles.
REYNAUD DE MAZAN, MARSEILLE. Poivres et épices.

LESAGE et DUFOUR, NANTES. Vins nantais, amer, bitter.
MAUMÉRIÉ et BIETTE, NANTES. Vin au quinquina, eau-de-vie.
GARNIER et Cie, CHANTENAY. Tafias et rhums.
RENOU, ANCENIS. Mad-amer, alcool apéritif.
BROSSAUD et CASIMON, NANTES. Cassis, triple-sec.
MANSON, NANTES. Élixir du père Montfort.
JARRY, LA CHAPELLE-BASSE-MER. Vinaigre.
COUTURIER et GEORGET, NANTES. Eau-de-vie de vins.
BERTHET, CHATEAUBRIANT. Eau-de-vie de cidre.
CASSARD Pierre, GUÉRANDE. Amer, menthe, triple-sec.
CAILLÉ, NANTES. Muscadet, eau-de-vie.
DELANOÊ, NANTES. Eau-de-vie.
BURGELIN, NANTES. Bières brunes et blondes.
BAZELAIS, NANTES. Liqueurs, sirops.
SCHŒFFER, NANTES. Bières.
GOHAUD, SAINT-JULIEN-DE-CONCELLES. Vin tonique, eaux-de-vie.
DEMONT-JAMET, RESTIGNÉ. Vins de Bourgueil.
DE LAFORCADE, AIRE-SUR-L'ADOUR. Vins blancs, armagnacs.
THIBAUDT, CHALONNES-SUR-LOIRE. Vins blancs.
DENIS, NANTES. Vin, muscat, eau-de-vie.
CHEVALIER, NANTES. Vins nantais.
GUILLON frères, NANTES. Sève bretonne.
DEFRANCE, SAINT-GERMAIN-DU-VAL (Sarthe). Fromages.
COMMUNE DE THOUARCÉ. Un lot de vieux vins.
SPINGER et Cie, MAISONS-ALFORT. Alcool de graines.
QUETEL, FLERS (Orne). Calvados.
Vve ASSIER, SAVONNIÈRES. Vins rouges.
Ctesse DE TOULGUET, LUÉ. Vins blancs et rouges.
FRENZER, CHAUDEFONDS. Vins rouges.
VALLÉE Jules, FAYE. Vins blancs.
HOUDEMONT-COLLIGNON, ANGERS. Vinaigres.
GUIBERT-PUISSANT, ANGERS. Beurres frais et salés.
BLANDIN, ANGERS. Vin rouge.
LEFÈVRE, NESLE-HODENY. Fromages.
CHOUTEAU, BEAULIEU. Vins de tête.
KRICK, BAR-LE-DUC. Présure pour la fabrication du fromage.
LELIÈVRE-PLOT, LE MANS. Fromage des Maillets.
RAYER, ANGERS. Liqueurs, vins divers.
CINBRITIUS et MARIE BRIZARD et ROGER, BORDEAUX. Liqueurs diverses, cognacs, rhums.
CESBRON, MONTJEAN. Vins rouges et blancs, eaux-de-vie.
RABOURDIN, DREUX. Liqueur spéciale « La Druidique ».
CHAMBARD de BERINGUIER, BOUFARICK (Algérie). Vins, eaux-de-vie.
CHABROL, ANGERS. Appareils de four.
DURAND, SAINT-MORILLON. Vins rouges et blancs.

BOURIGAULT, ANGERS. Liqueurs, thé, chocolats, etc.
GRANDE BRASSERIE DE LA CROIX-DE-LORRAINE, BAR-LE-DUC. Bière.
MUSSET Pierre, LIBOURNE. Vins blancs et rouges.
BOURGEOIS, CAMBRAI. Chicorée.

SEPTIÈME GROUPE

AGRICULTURE, VITICULTURE ET PISCICULTURE

Galerie L. (côté du Jardin du Mail)

GAILLARD, Auguste, ROCHEFORT-SUR-LOIRE. Machines à greffer.
COURTY, SAINT-GEORGES-D'ORGNES (Hérault). Vignes américaines.
BONNAMY, MURS. Vignes américaines, plants, greffes.
HOUDET, ROCHEFORT-SUR-LOIRE. Plants de vignes greffés.
MARTIN Frères, ANGERS. Pompes à vin, forets, etc... Installation pour la fabrication des bouchons.
LUNEAU, ANGERS. Bassin pour l'élevage des poissons.
FROGER, FENEU. Charrues brabants, doubles et simples.
DIARD, BRISSAC. Tonnellerie miniature.
LEMESLE, PLESSIS-GRAMMOIRE. Viticulture et apiculture.
MITRÉCÉ, THOUARS. Alambics, etc...
DUBOIS, CUSSET. (Allier). Piège à mouche mécanique.
LECOMTE, PONTS-DE-CÉ. 2 faucheuses et rateau à cheval.
GRELIER, SAINT-GEORGES-SUR-LOIRE. Produits chimiques pour l'agriculture.
BROCHARD, MARTIGNÉ-BRIAND. Machine greffer.
LINET, PARIS. Echantillons d'engrais.
PUCELLE, SAUMUR. Trois alambics.
COLAISSEAU, LA POSSONNIÈRE. Vignes américaines.
POUPLARD, CHAUDRON. 4 tarares.
COMICE AGRICOLE du canton de SAINT-GEORGES. Ecussons de cépages plantes, pommes de terre, chanvre.
TISSIDRE, MAZÉ. Matériel agricole, culture en général.
Veuve A. JOREAU et fils, ANGERS. Collection de graines.
NIVELEAU et MAINDROUX, MARTIGNÉ-BRIAND. Vignes américaines.
LUNEAU, ANGERS. 1 chassis de couche fer et ciment.
SAGET, Pouancé Echantillons de chaux et de calcaire fossiles.
DESBOIS, ANGERS. Papiers dentelles, accessoires de fleuristes.
PORTIER, DOUÉ-LA-FONTAINE. Miel, cire, chrysomel.

SOMMIER, ANGERS. Appareil à distiller.
VALLÉE, LE MANS. Collections de produits maraîchers.
ROUFFIGNAC, MALESHERBES (Loiret). Pépinières viticoles, produits.
SOCIÉTÉ FRANÇAISE de matériel agricole et industriel, VIERZON. Matériel de battage.
DE LAMANDÉ, LA FLÈCHE. Miel en pots, en rayons, eau-de-vie de miel.
GACQUER, PARIS. Articles de cave, robinetterie.
LEPAGE, ANGERS. Collection de cépages français et américains.
COMICE AGRICOLE du canton de Chalonnes. Blés, vignes, greffes.
VIAUD, BARBEZIEUX. Un lot d'instruments agricoles.
EPAGNEUL, ANGERS. Distillation.
SYNDICAT AGRICOLE D'ANJOU, ANGERS. Matériel d'exploitations agricoles.
ANGEBAUT, BOURGNEUF. Charrue, houe, herse.
LALLEMAND et Cie, ANGERS. Superphosphates minéraux.
TESSIÈRE, BRISSAC. Outillage agricole et horticole.
BOURNÉ, ANGERS. Cuves et bacs.
NÉGRIER, ANGERS. Futailles.
Veuve RAVAULT, SAINT-BRICE (Mayenne). Poteries agricoles.
GASTÉ, LA JUMELLIÈRE. Charrue, houe, herse.
BÉNION, BAULIEU. Plants américains.
MORVAN, ANGERS. Treillages et clôtures, etc...
GUY, MARSEILLE. Tourteaux de sésame sulfurés.
MARTINEAU, SAINT-MAURE (Indre-et-Loire). Plants greffés, porte-greffes.
SOCIÉTÉ DES PHOSPHATES DE NORMANDIE, CARANTAN, MAUCHÉ. Vitrines de fossiles provenant des gisements de phosphates de la Société. Petits sacs de produits fabriqués de différents dosages représentant la marque et les sacs déposés.
LEBOUVIER-MÉNARD et PAPIN, BOTZ. Tarares ou ventilateurs pour le nettoyage des céréales.
CAPLAT, DAMIGNY (Orne). Vignes chinoises, japonaises, toukinoises.
BARDOU et Cie, INGRANDES. Matériel agricole, machine à broyer et teiller le chanvre.
HÉGU, ANGERS. Appareils de distillation.
Vve ROYER, BRAIN-SUR-L'AUTHION. Graines potagères et fourragères.
CROLLET frères, KÉVIGNY (Jura). Plants vignes greffés.
CHERTIER-ASSELIN, ORLÉANS. Plantes et pièges insecticides.
ROCHE, TOURS. Pièges insecticides.
ALAZARD, MONTAUBAN. Spécimens d'écussonnage.
PRUNET, ANGERS. Chauffages de serres.
D'ALTON frères, CLEFS. Alcools neutres, pommes de terre.
FRANÇOIS fils, ANGERS. Atlas des places par corps de fermes et réserves.
GOURDON, CHEMILLÉ. Paragelées.
LEMOINE, ANGERS. Greffes de vignes.

GOBLOT, ANGERS. Dessins de bâtiments à usage vinicole.
Mlle SAVARE, CHALLES. Un herbier.
LACHARMOISE, TOURS. Appareil à distiller les marcs et fruits.
RADET, ANGERS. Tonnellerie, boissellerie.
DAVY Louis, TIGNÉ (Maine et-Loire). Plants de vignes et fruitiers.
BATY et VALLÉE, ANGERS. Racines, porte-graines, graines potagères, fourragères et de fleurs.
GANDON, ANGERS. Pieux de pierres pour vignes et palissades,
LHOMME-LEFORT, PARIS. Mastic à greffer.
ROBERT, ANGERS. Engrais chimiques.
DE POULPIQUET, PARIS. Fausset de sûreté pour empêcher l'explosion des fûts.
COMPAGNIE DU GAZ, ANGERS. Sulfate d'ammoniaque.
ORPHELINAT AGRICOLE DE LA BREILLE, ALLONNES. Griffes d'asperges.
CHÉRON, CÉZAC DE BLAYE. Greffoir à vigne, double et simple.
TEDÉ, ANGERS. Ruches pour abeilles.
CHEVALLIER, SAINT-RÉMY-LA-VARENNE. Charrues.
FOURMOND, ROCHEFORT-SUR-LOIRE. Matériel agricole, labourage à vapeur.
LETORT-HENNEQUIN, ANGERS. Graminées.
PINEAU François, MOULINS. Matériel, labourage, hersage.
DAVY, BEAUFORT-EN-VALLÉE. Porte-graines potagères et fourragères.
HUCHON, MONTJEAN. Porte-graines potagères et fourragères.

HUITIÈME GROUPE

EXPOSITION OUVRIÈRE

Galerie M)côté du Boulevard du Palais)

GIGAULT, ANGERS. Petits travaux de menuiserie.
HOUDEBINE, ANGERS. Peinture décorative.
BOIREAU, ANGERS. Porte-bouquet, travaux de corne.
DUBOIS, ANGERS. Tableaux en ciment.
GOURDON, ANGERS. Une locomotive de chemin de fer (réduction).
PAPILLON, ANGERS. Chef-d'œuvre de compagnon charpentier.
SYNDICAT DES TAILLEURS DE PIERRES ET MAÇONS, ANGERS. Chef-d'œuvre de coupe de pierre.
CHACUN, ANGERS. Une serrure de sûreté avec sa gâche.
CHOIREAU, ANGERS. Fruits et feuillage en fer forgé.
FOUCHET, ANGERS. Géranium-lierre, en pot fer forgé.
SOUDRY, ANGERS. Une marquise, un escalier, fer forgé.
CHOPIN, ANGERS. Une gaîne couverte en peluche avec draperies.
DURANDEAU, Albertine, ANGERS. Deux coussins fantaisie de canapé.
DURANDEAU, Jeanne, ANGERS. Un couvre-pieds.
DURANDEAU, Maurice, ANGERS. Une petitetable étagère, garnie et ornée.

DURANDEAU, Emile, ANGERS. Une chaise garnie.
GUERNON, LES PONTS DE-CÉ. Travaux de décoration.
DIONNEAU, LES PONTS-DE-CÉ. Objets de ferblanterie, zinguerie.
RENAULT, ANGERS. Un veston.
JARDOT, ANGERS. Un vitrail monté en plomb.
ACÉZAT, ANGERS. Un vitrail médaillon.
MICHEAU, ANGERS. Une paire de cols de cygne (chaudronnerie).
BEZIAU, ANGERS. Un couvre-édredon.
CHAMBRE SYNDICALE DES FERBLANTIERS, ANGERS. Campanile.
ROLLAND, ANGERS. Une chambre à coucher Louis XVI (miniature).
ANNE, VIHIERS. Une petite machine, un petit alambic.
GUILLON, ANGERS. Un coffret Louis XV.
BARBARIN, ANGERS. Un panneau décoratif.
COYAULT, ANGERS. Thermomètre Louis XV.
BEDOUET, ANGERS. Un coffret Louis XIV.
BOURRIGAULT, ANGERS. Panneau décoratif.
Mlle FONTAINE, ANGERS. Une couette de violon.
RICHARD, ANGERS. Six boules de fort.
HÉRAUD, ANGERS. Ciseaux-coupoir typographique.
Mlle VIGNAIS, ANGERS. Un coussin et un dessus de clavier.
CHENI, ANGERS. Etiquettes, enseignes.
BARRAULT, ANGERS. Un gilet cérémonie.
LELOUP, ANGERS. Une jaquette pour dame.
CHAMBRE SYNDICALE DES OUVRIERS CHARPENTIERS, ANGERS. Dessins, traits de charpente, escaliers.
RIOBÉ, LES PONTS-DE-CÉ. Un panneau peinture.
COLONNIER, LES PONTS-DE-CÉ. Travaux d'ornements.
FAUTRAT, Isidore, SAINT-DENIS-D'ANJOU. Un pressoir en fer forgé.
FAUTRAT, Jules. SAINT-DENIS-D'ANJOU. Un coffret en fer.
CHARTIER, ANGERS. Un médaillon plâtre, portrait.
CHAMPEAUX, ANGERS. Une armoire à glace, ébénisterie Louis XV.
ASSOCIATION DES EMPLOYÉS DE LA VILLE d'ANGERS. Graphiques, tableaux financiers.
PÉHU, ANGERS. Roues de voiture.
MAZUEL, ANGERS. Deux écussons en peinture.
LORIN, Louis, ANGERS. Travaux en ardoises.
DENIEAU, ANGERS. Boîtes d'outils de mécanicien.
GELOT, ANGERS. Fontaine monumentale (réduction).
RICHARD, Charles, ANGERS. Un escalier, une charpente.
PRIEUR, Jules, ANGERS. Une clef fer forgé.
LHUMEAU, ANGERS. Une bielle marine pour machine pilon.
COLOMBANI, ANGERS. Six déssins à la plume.
CHERRIER, ANGERS. Dix plaques gravées en melchior.
Mme GAYET, ANGERS. Porte-journal satiné brodé.
BOURZEIX, ANGERS. Bottines femme, en cuir.
GOUASDON, ANGERS. Deux panneaux lettres et ornements.

Mlle MOTTAIS, Angers. Couverture et bas de pantalon crochet.
LÉPINOIS, Angers. Une serrure de sûreté.
LETOURNEAU, Angers. Deux tableaux au crayon.
BESNARD, Auguste, Angers. Une roue, chef-d'œuvre.
BERTAUX, Angers. Un compteur kilométrique.
DELORME, Tours. Un panneau et deux maquettes aquarelles.
GRANDHOMME, Angers. Une coupole artistique en plâtre.
VALLÉE, Angers. Un panneau décoratif.
Mlles SIMON, Angers. Un dessus d'édredon.
NICAULT, Chalonnes. Pièce artistique, pastillage et sucre.
LHERBETTE, Angers. Tournage en bois.
LES COMPAGNONS COUVREURS d'Angers. Œuvre de maitrise, un chef-d'œuvre.
MARCILLE, Angers. Sujets de gravure sur pierre et sur marbre.
ORPHELINAT PROFESSIONNEL d'Angers. Objets de menuiserie et ébénisterie.
ROCHARD, L., Chalonnes. Souliers Richelieu tout bois.
LE SYNDICAT SAINT-ÉLOI, Laval. Voiture, pressoirs, outils.
HUMEAU fils, Angers. Une machine à vapeur verticale demi-cheval.
PAJOT, Angers. Une chaudière à vapeur.
MÉNARD, H., Angers. Un robinet cuivre.
ROTURO, Bessé-sur-Braye. Un parapluie ouvrant et fermant seul.
MOUCHET, Angers. Accessoires de robinets cuivre.
ROUSSEL, Angers. Peintures d'ornements
RIDEAU, Angers. Peintures décors.
RABOTEAU, Angers. Pièces de fonte d'art moulées.
BUSSON, Angers. Un médaillon moulage plâtre.
CORBIN, Angers. Mosaïque en marquetterie.
BORDEAU, Angers. Panneau décoratif.
GUILLET, Angers. Etau à main.
GRÉGOIRE, Les Aubiers. Couverture de lit, nappes d'autel.
MOUSSEAU, Angers. Navire sous globe
LE MAUX, Angers. Maréchalerie.
BREHIER, SUREAU, GODEAU, BRIONNE, Angers. Travaux plâtrerie.
BUREAU, Angers. Chaussures.
THÉBERT, Angers. Chaussures.
RICHARD, Nantes. Fermeture de croisée.
BERRUÉ, Angers. Tableau, outillage divers.
POUPARD, Angers. Deux chaises.
LUÇON, Angers. Bouteilles contenant divers travaux en bois.
THIERRY, Angers. Chaussures.
ROHARD, Angers. Crédence Renaissance.
HERMELIN, Angers. Cage volière.
ROCHIN, Angers. Vitrail panneau décoratif.
ROUSSEAU, Angers. Vitrail panneau décoratif.
CHOUTEAU, Angers. Bois découpés.

LAMOTTE, Angers. Chapeaux de dames et enfants.
Mlles LEROUX, Angers. Camisoles, pantalon, jupon.
DIBON, Angers. Pendule noyer, style Louis XV.
SALMON, Angers. Pièces de charpente et escalier.
JOLIVET, Étriché. Petit pressoir à fruits pour confiture.
ROUILLARD, Angers Étagère et guéridon de style.
BESNARD, Angers Chapeaux variés.
PÉAN, Angers. Panneau toile décorative.
HARDY, Angers. Escalier avec charpente.
Mlle BONVOUS, Angers. Tapisserie Louis XVIII, restaurée.
LHUMEAU, Angers. Trousse d'outillage pour ajusteur.
TELESPHORE, Angers. Vis d'étau et sa boîte à écrou.
LEHAY, Angers. Fauteuil et chaise.
VERRIER, Angers. Vitrail.
Mme BAUDE, Angers. Couvre-lit et couvre-pieds.
BESSON, Angers. Navire encadré.
Mlle VIAU, Angers. Une jetée de lit, deux bas de pantalon.
CHAILLOU, Angers. Bagues et écrous pour essieux.
ROUILLÉ, Angers. Glace Renaissance.
AUBRY, Angers. Pièces en cuivre, gobelets d'essieux.
Mlle VALENCE, Angers. Album modèles de crochet.
Mlle CHARBONNEAU, Angers. Deux chapeaux au crochet.
COURBET, Angers. Étiquettes.
Mlle LAMOUREUX, Angers. Lingerie fantaisie.
MAZET, Angers. Compas d'épaisseur et mètre.
Mmes BERTRON, Angers. Broderies fantaisie.
FRIPIER, Villiers-Charlemagne. Plan géologique, spécimen de roche.
BELLEGY, Angers. Outillage.
QUENION, Angers. Bois découpé.
BERTRAND, Angers. Colonne et panneau marquetterie.
Mme LEROY, Angers. Service de table brodé.
Mme DE CURZON, Penchault. Service de table brodé.
LEBOUCHER, Angers. Peinture décorative.
COLLET, Seiches. Sculpture sur bois, statue.
GALET, Montreuil-Belfroi. Table ronde.
SOCIÉTÉ DES COMPAGNONS COUVREURS d'Angers. Un drapeau historique.
BOUJU, Angers. Coffret Louis XV.
LAUNAY, Angers. Cuisinière à gaz, plomberie.
ANDRÉ, Angers. Tableau et panneau.
LANDELLE, Angers. Vitrail fleurs et amour.
MILLY, Angers. Deux voitures attelées, trapèze au crochet.
HARTAUX, Angers. Tableau à l'huile.
LETOURNEAU, Angers. Locomotive carton.
THIBERGE, Angers. Étagère guéridon.

VOITURES PUBLIQUES

Omnibus - Voitures de Place - Petites Voitures

Un service d'omnibus est fait régulièrement entre Erigné, les Ponts-de-Cé, Angers, et vice-versa, avec départ d'heure en heure. Certains jours, les départs s'effectuent toutes les demi-heures, de 7 heures du matin à 7 heures du soir.

Prix : les Ponts-de Cé, **0 fr. 30** ; Erigné, **0 fr. 40**.

Un service semblable, qui permet d'aller visiter les carrières d'ardoises, est organisé entre Angers, les Justices, la Pyramide, Trelazé, et vice-versa.

Départ toutes les quarante minutes.

Prix : les Justices, **0 fr. 20** ; La Pyramide, **0 fr. 30** ; Trelazé, **0 fr. 40**.

Tarif des Voitures de Place

	Service de jour		Service de nuit		Service de jour		Service de nuit	
L'heure en dedans des limites de la commune	1	50	2	»	2	»	»	»
Quart d'heure commencé	»	40	»	50	»	50	»	75
La course, en dedans des poteaux indicateurs des limites de l'octroi	»	75	1	50	1	50	2	50
La course, au-delà des poteaux indicateurs des limites des limites de l'octroi jusqu'aux limites de la commune	1	25	1	75	1	75	2	75

SERVICE DE JOUR, de 6 heures du matin à 10 heures du soir
SERVICE DE NUIT, de 10 heures du soir à 6 heures du matin

SERVICE HORS DE LA COMMUNE

TARIF OFFICIEL

LA JOURNÉE	1 voiture à un cheval......	15 fr.	Cocher et cheval nourris
	1 voiture à deux chevaux..	20 fr.	

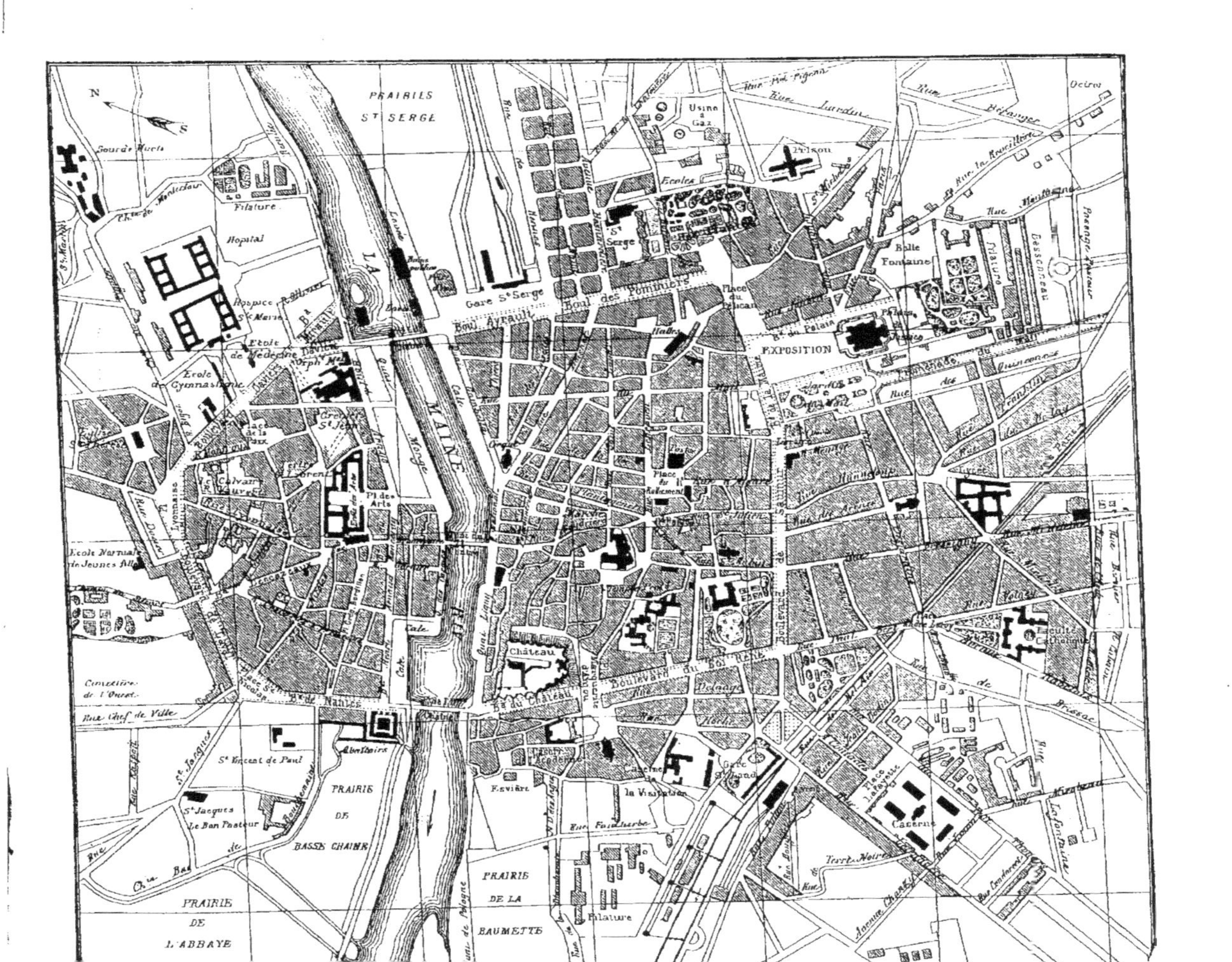
PRAIRIES ST SERGE
PRAIRIE DE L'ABBAYE
PRAIRIE DE BASSE CHAINE
PRAIRIE DE LA BAUMETTE
LA MAINE
Gare St Serge
Boul. Ayrault
Boul. des Pommiers
Usine à Gaz
Prison
Hopital
Filature
Belle Fontaine
EXPOSITION
Château
Boulevard du Roi René
Place Lafayette
Caserne
Gare St Laud
Faculté Catholique
St Vincent de Paul
Cimetière de l'Ouest
Rue Chef de Ville
Bd de Nantes
Quai Ligny
la Visitation
Abattoirs

PLAN DE L'EXPOSITION

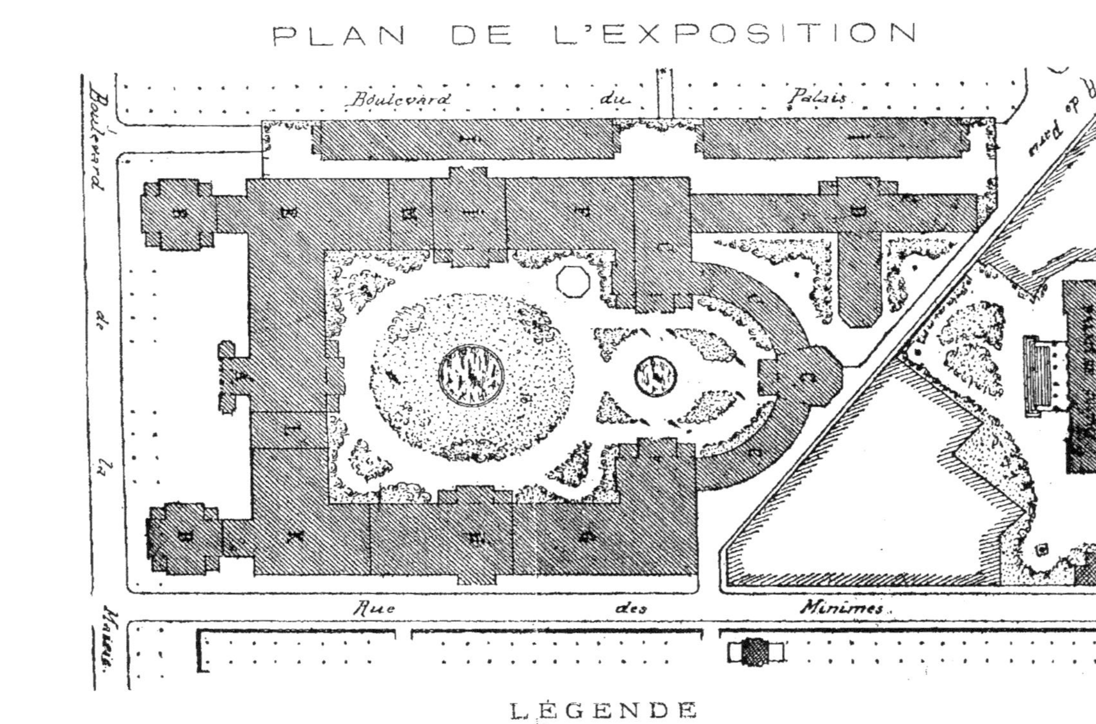

LÉGENDE

Échelle de 0m00037 par mètre

A Grand vestibule d'entrée.
B Salles de Conférences.
C **Art moderne** (Peinture, Sculpture, Architecture, Gravure, Vitraux).
D **Art rétrospectif** (Tableaux et Objets d'Art rétrospectif).
E Groupe I (Éducation, Enseignement, Arts libéraux).
F Groupe III (Tissus, Vêtements et accessoires).
G Groupe II (**Mobilier** et accessoires).
H Groupe IV (Industrie extractive, Produits bruts et ouvrés).
I Groupe V (Outillage et Procédés des industries mécaniques).
K Groupe VI (Produits alimentaires).
L Groupe VII (Agriculture, Viticulture et Pisciculture).
M Section ouvrière.

NOTA. - Les pavillons spéciaux affectés aux expositions diverses : Cafés, Kiosques, Attractions et Établissements divers, sont répartis dans les jardins.

VUE GÉNÉRALE DE L'USINE

Quai Gambetta, 39 *(sur le bord de la Maine)*

Fabrique du VÉRITABLE GUIGNOLET d'Angers

Marque COINTREAU

Les étrangers, désireux de se rendre compte de la fabrication des liqueurs en général, et en particulier du **VÉRITABLE GUIGNOLET d'Angers** et du **TRIPLE-SEC Cointreau**, sont informés que l'Usine est ouverte aux visiteurs pendant toute la durée de l'Exposition, tous les jours, de 10 heures à 11 h. 1/2 du matin et de 8 heures à 3 heures du soir.

VUE DES MAGASINS DES GRANDES MARQUES

10, Rue d'Alsace, 10

Les étrangers ne voudront pas quitter notre ville d'Angers sans emporter en souvenir de l'Exposition :

1° Le **VÉRITABLE GUIGNOLET d'Angers (Marque Cointreau)**
2° Le **TRIPLE-SEC (Marque Cointreau)**

qu'ils trouveront dans ce magasin, logés dans de coquets flacons spéciaux.

Imprimerie
Librairie
GERMAIN & G. GRASSIN
ANGERS
40, rue du Cornet
et rue Saint-Laud

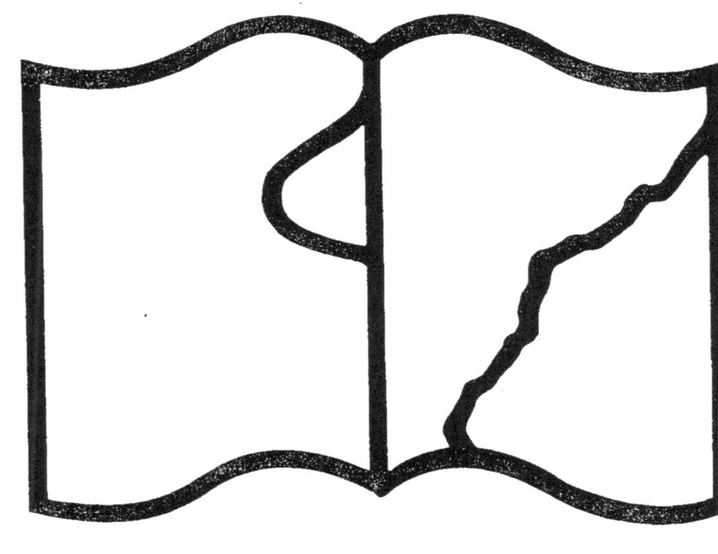

Texte détérioré — reliure défectueuse

NF Z 43-120-11

www.ingramcontent.com/pod-product-compliance
Ingram Content Group UK Ltd.
Pitfield, Milton Keynes, MK11 3LW, UK
UKHW012224240726
13966UKWH00003B/945